私の養蜂カレンダー

関東地方を中心とした月ごとのおおまかな蜂群管理です。それぞれの地方にあわせて、「自分の養蜂カレ

	おもな作業
1月	●蜂群は越冬中 ●[illegible]修理の期間 ●蜂群の内検は基本的にしない ●前年度の養蜂スタ[illegible]けを考える期間でもある
2月	●基[illegible]うすを見て、ねらう蜜源植物の2カ月前に「春[illegible]は2月中旬前後に始めるのが一般的である ●蜂群育[illegible]ツバキの仲間、ナタネなどが咲くが、よほどの餌が入ら[illegible]で育成を行なう。なお、春宣言は砂糖：水＝1：1の糖液を15[illegible]始まるが、その際に越冬した巣箱の掃除を行なう。巣門はまだ狭め[illegible]
3月	●ボケ、[illegible]、タンポポが咲き、初旬にはカワヅザクラ、後半にはソメイヨシノが咲き始め、順次他のサクラの仲間も咲きだす ●巣箱内はいよいよ活発化する。この時期、2～4月にかけては寒の戻りがあり、ハチ密度が薄くならないように最大限の注意が必要。蜜切れにも注意。2月から引き続き産卵圏を拡大し、「額面蜂児」枠をつくるように心がける。新しいハチが羽化し始め、ハチが混んできたら、空巣を順次刺し加える。健勢給餌、代用花粉も継続する
4月	●サクラの仲間、モモ、リンゴ、レンゲなど、ナタネも継続して開花し、流蜜期が近づく。早くから仕掛けている蜂群ではサクラ蜜の収穫も始まる ●引き続き、産卵圏を拡大し、ハチ密度を高める。なかには「2段群」にできる蜂群もこの頃あらわれる ●オス蜂の産卵が始まる頃から分蜂の気配にも気をつけ、オス蜂が羽化する前頃から、必要に応じて新王養成に着手する ●狭めていた巣門はようすを見て全開にする
5・6月	●流蜜期に入り、本格的な採蜜を行なう ●4月から始まる分蜂の気配は、この時期まで放っておくとほとんどの蜂群は分蜂する。したがって、人工分蜂して蜂群を増やしたり、新女王を育成·更新する時期である。採蜜群として維持するためにはこまめに内検し、王台を取り除く作業は欠かせない ●梅雨期に入り雨が続くと訪花活動も鈍り、巣内の貯蜜が不足することがあるので採蜜する際には餌不足に十分に注意する
7・8月	●この頃には女王蜂の産卵はピークを過ぎ、働き蜂も徐々に寿命を迎える。ハチの数は減少し始め、越冬に備えたウインタービーが産まれ始める ●カラスザンショウやヤブカラシ、北海道ではシナノキなどの流蜜もあるが次第にピークを過ぎてくる ●養蜂家によっては蜂群の分割をしたり、蜂群数を増やすなどの作業が始まる ●この時期は酷暑が続き、暑さに弱いセイヨウミツバチにとっては厳しい季節である。日よけや換気など、少しでも快適になるよう配慮する
9月	●まだ残暑が厳しいが、9月半ばを過ぎると地方によって朝夕の気温が下がり始める。いよいよ越冬に向けての育児を開始する。蜂群のようすを見て健勢給餌、代用花粉を与え産卵を促す ●スムシの被害が始まる頃でもあるので、流蜜期を終え、使わなくなった巣枠、巣箱などの片付けをする ●センダングサの仲間，アレチウリその他の蜜源の流蜜があり、産卵領域を圧迫するようであれば一部を採蜜に回すことも考える
10・11月	●近年は暖かく、この時期でも関東以西では産卵が継続される。蜂群のようすを見て健勢給餌、代用花粉を与える。ただし、地方によってはチャなどの花粉が多く入り、花粉で産卵圏を圧迫することもあるので注意する ●11月には巣門を狭める ●寒さが厳しくなる前に、貯蜜状況を見て、越冬のための給餌を十分に行なう。越冬のための給餌は砂糖：水＝2：1と比較的高濃度の糖液である
12月	●年によって異なるが、次第に寒さも強まり、産卵が停止する ●寒さが強くなってきたら巣箱の開閉は極力控える

＊蜜・花粉源植物について118・119ページをご覧ください

蜜量倍増 ミツバチの飼い方

千場英弘 著

これでつくれる「額面蜂児」

農文協

プロローグ

私が生涯をかけてミツバチにのめり込むことになった最大のきっかけは、玉川大学に入ってまもなく、東京都世田谷の叔母の家のすぐ近くにあった「むさし蜂園」で養蜂を学ぶことを叔母からすすめられたことにある。１９６５年頃のことである。叔母の一家には、その後、大変お世話になったのだが、それはともかく、この「むさし蜂園」での経験が、私をミツバチの世界に引っ張り込んでくれたといって間違いない。当時90歳を超えていた社長は高い飼育技術をもつことで知られ、「自分がもつ技術を若者に伝えたい」ことを叔母が社長から聞いていたのだ。

大学2年生のときに、私は授業をしばらくサボってこの「むさし蜂園」で養蜂家と一緒に現場で生活し、実践する機会を得た。2年間ほど大学と養蜂現場の学びを両天秤にかける生活をつづけた。大学での研究室は当然ながら、ミツバチの研究で名高い「昆虫学研究室」に所属。ミツバチに深く接しているうちに、ミツバチがもつ、ことばでは表現しがたい魅力にとりつかれ、それ以来自分の人生は片時たりともミツバチなしには考えられなくなった。

大学卒業後、副手を経て私立高校の教諭となってからもミツバチ研究を継続し、もちろんミツバチ飼育もつづけた。

歳月が流れ、周囲の養蜂のスタイルは大きく変化した。いつのまにか「養蜂の基礎」は忘れられ、それぞれの勘と経験による養蜂が広がっていた。そんな状況であったが、「自分は養蜂の基礎を追求したい」と心に決めて飼育を継続してきた。養蜂の基礎とは、「育児圏《いくじけん》と貯蜜圏《ちょみつけん》を明確に区別してそれぞれにふさわしい間隔に巣枠を整える」ことである。それによって、最大限の採蜜量が期待でき、質の向上も図れる。

忘れられた養蜂の基礎——巣枠どうしの間隔

養蜂でだいじなことは、「ハチの密度をいかに高めてやるか」ということ。それも、1つの蜂群に、女王蜂、働き蜂、オス蜂、卵、幼虫、蛹がバランスよく存在し、世代交代されていくことが欠かせない。そのために重要なのが、巣箱に収められている隣り合う巣枠どうしの間隔なのだが、その大切さが忘れられている。

現在流通しているほとんどの巣枠には三角ゴマ（12㎜のスペーサー）が取り付けられ、ハチが蜜をためる「貯蜜圏」と子育てをする「育児圏」の区別がつかない状態になっている。これは花の時期に合わせて移動して採蜜する「移動養蜂」技術の名残で、以前は蜂箱を輸送するときだけこのコマをかませて蜂群が蒸し焼きになる（移動時にハチが騒いで箱内が高温になる）のを防いでいたのだが、いつのまにか、移動しないときもつけたままになってしまったものである。

巣枠間のすき間を「育児用」と「貯蜜用」に調整する

私がたどりついた結論は単純で、「巣箱の中に、育児する場所（育児圏）と、蜜を貯める場所（貯蜜圏）をすっきりと分け」て、「育児圏では巣枠の隅から隅まで蜂児でいっぱいの状態（額面蜂児）

の巣枠をつくり」、「貯蜜圏では、蜜だけを貯めこむ巣枠をつくる」というだけのことだ。それを実現するために採蜜群は2段にして下段を育児圏、上段を貯蜜圏とし、その間に隔王板《かくおうばん》を入れて女王蜂が上段の貯蜜圏に行かないようにする。そして巣枠間のすき間を育児用と貯蜜用に調整したい。これらの基本ができてはじめて良質のハチミツをたくさんとることが可能になる。

養蜂では後進のモンゴルでも蜜量が大幅UP

2013年から今に至るまで、私は国際農林業協働協会（JAICAF）から派遣されて、モンゴルの養蜂技術指導に取り組んでいる（35ページのコラム参照）。

もちろん、指導している技術は、巣枠の間隔を調整して育児と貯蜜という生活圏を分けた養蜂の基本スタイルである。年間のハチミツ収穫量が8kg程度だったモンゴルの養蜂家でも「1群あたり1回の採蜜で、糖度80％以上のハチミツを20kg収穫」を実現している。しかも、貯蜜圏の巣枠からのみ採蜜するため、効率的で高品質だ。

最近、日本でもこのやり方で飼育の基本に戻ることにより効率よく内検や採蜜ができるため、養蜂家の間でも見直されはじめている。

近年、ミツバチへの関心が高まり、プロの養蜂家だけでなく、趣味で飼育する人も増えて、ミツバチや養蜂に関するたくさんの本が出版されている。しかし、その割に、セイヨウミツバチの飼育技術をきちんと論理的に解説してくれる実用書は少ない。とりわけ趣味でミツバチを飼い始めたかたにとって「養蜂の基本技術」を身につけ、ハチを理解して（ときにはハチと会話しながら）飼育することは採蜜量だけでなく、養蜂の楽しさが倍増するに違いない。素人でも「1回1群、採蜜量20kg」は夢ではない。

＊

もちろん、大変僭越ながら、現在も第一線で活躍されている経験豊かな養蜂家の皆様にも読んでいただき、多少なりとも参考になるところがあればと、恐れ多くも考えている。基本を大切にしながら日本の養蜂が益々発展していくことを願っている。

この本では、「額面蜂児」や「ハチの密度管理や巣枠と巣枠の距離」の調整を軸に、養蜂技術の基礎を、ハチの習性・生態とあわせて紹介した。ぜひ、私と一緒にミツバチ飼育の楽しさを味わっていただきたい。

この本には今まであまり書かれてこなかった技術もわずかながら登場する。そのなかには私の勉強不足で、学問的な裏付けを確認することもできないまま、先達や私の経験に基づくだけのものもある。いつの日か確認がとれればと期待しつつ、ご容赦いただきたい。

２０１９年７月　**著者**

目次

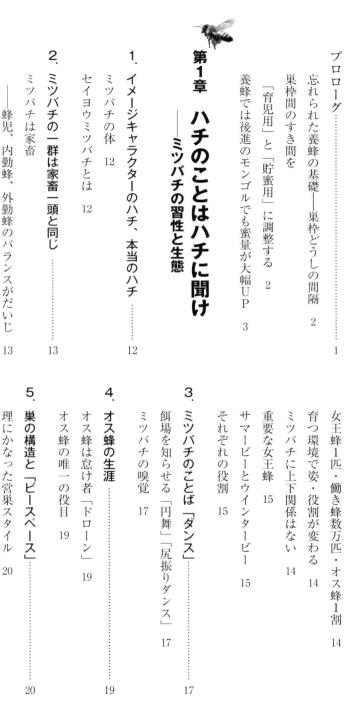

第2章　ミツバチ飼育のポイント

第3章　ミツバチ飼育の実際
——採蜜群育成にむけて

第4章 ミツバチの衛生管理・保護

第5章 養蜂の魅力と現代的役割

第１章
ハチのことはハチに聞け
――ミツバチの習性と生態

1　イメージキャラクターのハチ、本当のハチ

ミツバチの体

かわいいミツバチのイメージキャラクターなどを見ると、「ハテ？　ミツバチとはどんな生き物だったのか？」と首をかしげてしまうようなものもよく見かける。イラストやマスコットである限りまったく問題ないし、かわいらしいハチグッズを見るとうれしくなる。が、この本はミツバチの飼育の本。一応、最初に、ミツバチは昆虫であることをごく簡単におさらいしておこう。

昆虫の体は、頭部、胸部、腹部の3つのパーツからなり、胸部から3対の足、2対の翅が出ている。各節胸部は3節からなり、各節から足が、後ろの2節にはそれぞれ1対の翅がある。腹部は、基本的に12節からなる。これが昆虫である。したがって、ミツバチも図1－1（Snodgrass, 1910）に示すとおり、昆虫の形態をもっている。

セイヨウミツバチとは

現在、ミツバチは9種類の存在が知られている（図

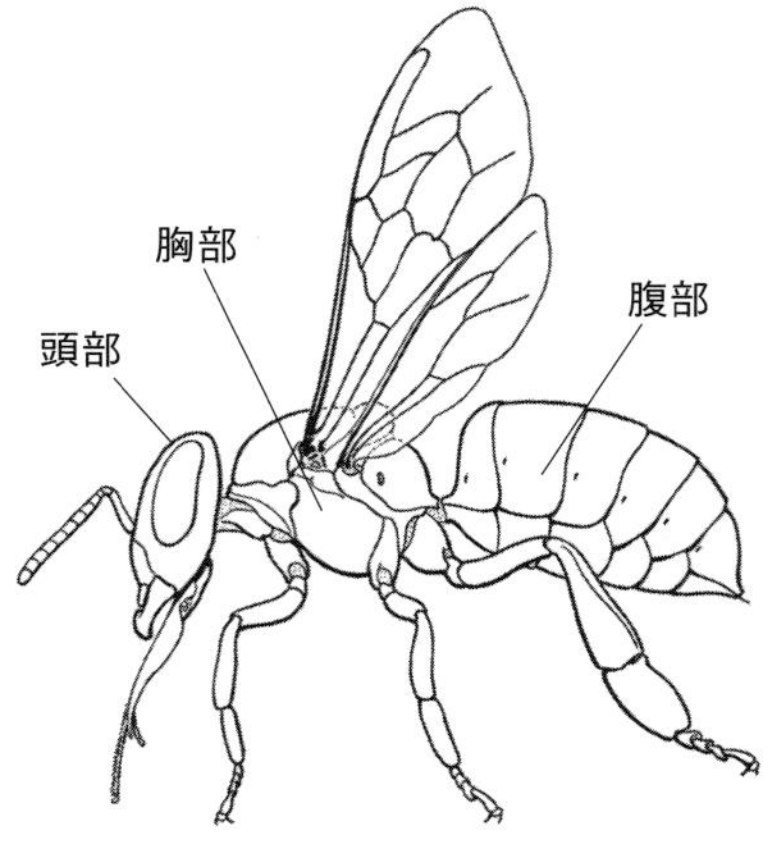

図1－1　ミツバチは昆虫で頭部、胸部、腹部からなる
R. E. Snodgrass. Anatomy of the honey bee (1946) を改変

図1－2　世界のミツバチ
写真提供：N. Koeniger博士

１−２）。わが国には、トウヨウミツバチ（*Apis cerana*）の亜種で在来種のニホンミツバチ *A. cerana japonica* と、明治期にアメリカから輸入したセイヨウミツバチ（*A. mellifera*）が生息している。セイヨウミツバチはアフリカからトルコ、ヨーロッパにかけて26亜種が確認されているが、わが国には、アメリカで２００年間飼育されてきた *A. m. ligustica*（一般的にイタリアン種と呼ばれているが亜種）が１８７７年に輸入された（115ページのコラム参照）。その後、イタリアン系統を中心に *A. m. carnica* などの種々の亜種も輸入され、セイヨウミツバチとひとくくりにしているものの、さまざまな自然交配がなされた複雑な「系統」による養蜂が行なわれている。

2　ミツバチの一群は家畜一頭と同じ

ミツバチは家畜——蜂児、内勤蜂、外勤蜂のバランスがだいじ

ミツバチは集団で社会生活を営んでいる。１つの集団を「群」（コロニー）とよび、１群は通常、１匹の女王蜂、2万から6万匹の働き蜂と、その約１割のオス蜂から構成される。

養蜂では生殖メスとしての女王蜂とオス蜂はもちろん大切だが、群勢を考えるときには働き蜂の数、巣内での混み具合、密度の調節がもっとも大切な要素になる。

春から夏にかけて生まれる働き蜂は、産卵されてから3週間で成虫として羽化し（表１−１）、その後3週間、内勤蜂として巣の内部で働き、卵から「採餌蜂（外勤蜂）」として外に出るまでに6週間かかる。これを踏まえて、蜂児、内勤蜂、外勤蜂がつねにバラン

表１−１　ミツバチの生育日数（日）

	女王蜂	働き蜂	オス蜂
卵	3	3	3
幼虫	5.5	6	6.5
蛹	7.5	12	14.5
合計	16	21	24

E. F. Phillips Beekeeping（1949）p.114より

スよく存在する採蜜群をいかにつくるかが、養蜂技術の要になる。このバランスはハチミツの収量だけでなく、養蜂生産にかかわるほとんどの場合に共通して大切なことである。

女王蜂1匹・働き蜂数万匹・オス蜂1割

ミツバチは1万～数万匹の蜂群単位で生活し、先述したとおり1つの群れは1匹の女王蜂と女王蜂を取り巻いている1万～数万匹の働き蜂、全体の約1割のオス蜂から構成されている（図1－3）。女王蜂と働き蜂は受精卵から生まれ、オスは未受精卵から単為発生する。この現象はジェルゾン（Dzierzon, 1845）により初めて報告された。

図1－3　女王蜂（中央）を取り巻いて「ロイヤルコート」という一群を形成している働き蜂
複眼が大きく体も太いのがオス蜂（左上、右下）

育つ環境で姿・役割が変わる

女王蜂と働き蜂はまったく同じ受精卵で、遺伝子構成も同じであるが、育つ環境により形態も行動も大きく異なる。その変化は、ふ化後に与えられる餌の量と質による。王台と呼ばれるところに産卵され、有り余るほどの量のローヤルゼリーのもとで育った受精卵は女王蜂になり、限られた容積の働き蜂の巣房に産みつけられ、限られた量と質の餌を与えられた受精卵は働き蜂になる。幼虫時代の空間（巣房の内径）や餌の質的・量的な環境の差異が遺伝子発現に影響を与えている例として興味深い（現在、エピジェネティクスと呼ばれる遺伝子発現制御機構の解明に向けて研究がなされている）。働き蜂の巣房に産みつけられた受精卵は、ふ化後3日以内であれば王台に移動すると立派な女王蜂として誕生する。

ミツバチに上下関係はない

蜂群内では、女王蜂が中心で働き蜂が彼女に仕えるように思われがちだが、実際には「上下の関係」や全体を統率する存在はなく、それぞれは個々で行動している。それで集団としては秩序が保たれて蜂群全体が維持されている。これは「群知能」（単純な要素が協調して秩序ある行動を生み出し、個々の能力の和を超える結果が得られること：Weblio辞書より）と呼ばれている。

重要な女王蜂

女王蜂は蜂群内に通常1匹存在し、産卵専門で春から秋にかけて毎日1500～2000個以上も産卵する。平均して3年ほどの寿命であるが、養蜂家は基本的に女王蜂を毎年更新している。女王蜂が弱ったり、いなくなった場合は、ふ化後3日以内の幼虫を急遽女王蜂に仕立て上げる「変成王台」をつくり、そこから生まれる女王蜂によりその後の群れを継続させる（73ページ参照）。

この作業もできない条件下、すなわち女王蜂が不在で、ふ化後3日以内の幼虫が存在しない蜂群はやがて働き蜂の産卵管が発達し始め、産卵する。「働き蜂産卵」である。女王蜂が健全なときは、女王物質（フェロモン）により働き蜂の卵巣は萎縮したままになっているが、女王物質がなくなると働き蜂の卵巣が発達するのだ。ただし、未受精卵で、しかも働き蜂の巣房に産みつけるので、小型のオス蜂しか生産されず、若い働き蜂が生まれてこない。このため、やがて蜂群は消滅してしまう。オス蜂は後述のように交尾以外には「役立たず」で、一切の仕事をしないのだ。

サマービーとウインタービー

働き蜂には、春から夏にかけて出房する「夏のハチ（サマービー）」と、夏から秋にかけて生まれる「冬のハチ（ウインタービー）」があり、前者の寿命は約30日、後者は翌年の春まで生き延びて、育児などさまざまな仕事をこなす。

働き蜂には出現する季節によって2種類の社会システムがある。春から夏にかけて活動するサマービーによる組織と、冬期にウインタービーとして越冬体制を整えている組織の2つだ（Johnson, 2010：図1－4）。

それぞれの役割

春から夏にかけて生まれるサマービーは、日齢に応じた働きが決まって

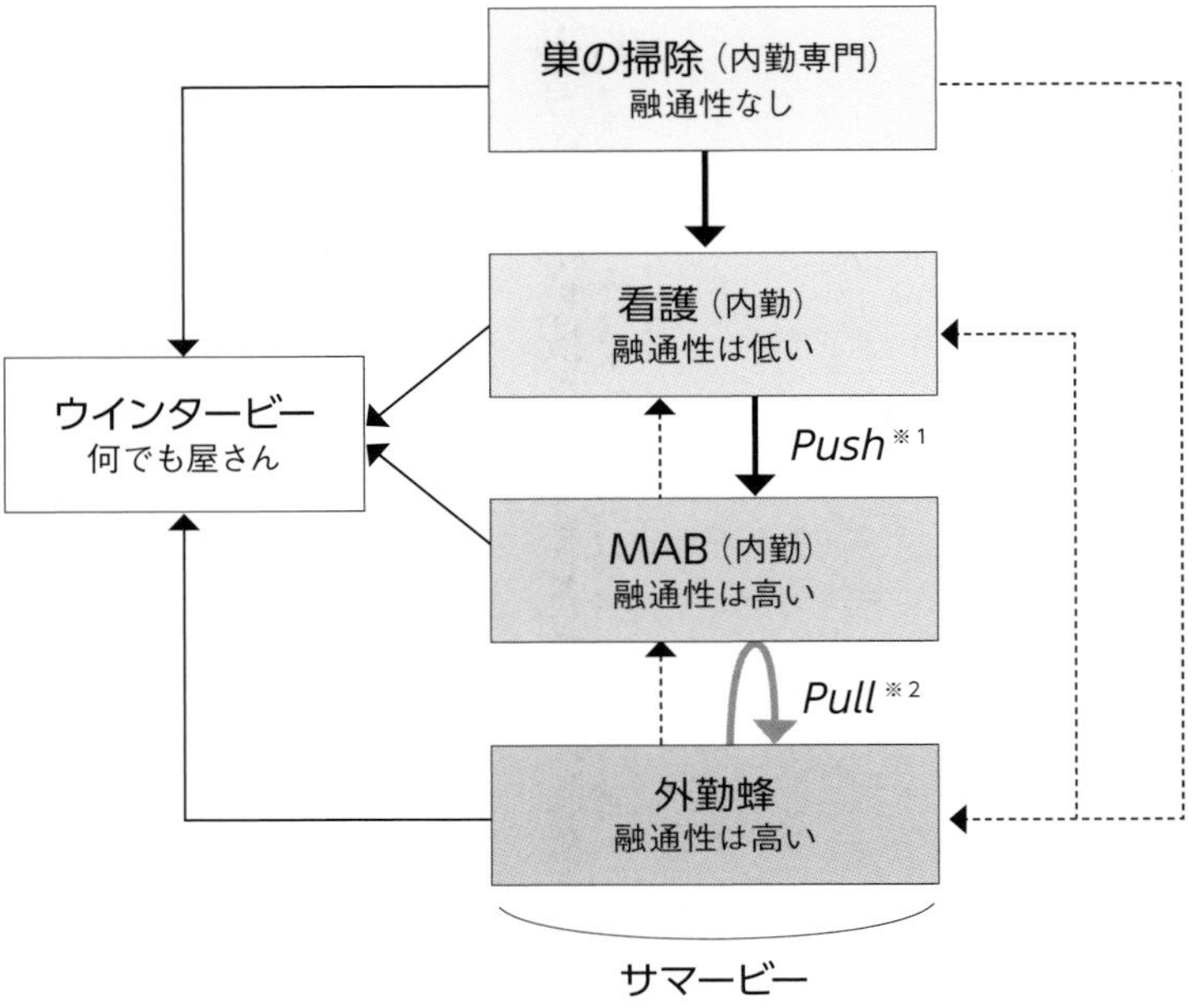

図1－4　サマービーとウインタービー
サマービーは日齢に伴う分業制。MAB（Middle Aged Bee：中間齢のハチ）は分業に融通性があり、幼虫の世話以外はすべてを行なう。ウインタービーは越冬体制を整えていて「何でも屋さん」
※1　新しく生まれる若いハチが、巣内にいる内勤蜂に実線矢印方向への分業を促す
※2　グレーの矢印は外勤蜂がMABに対して外勤するように促すことを示している
※3　点線は融通性を示すもの
(Johnson, 2010) Behav Ecol Sociobiol 64:305-316より改変

いる。それは大きく4つに分かれる。

このうちの内勤蜂Ⅰは、羽化直後は掃除専門で他の仕事には従事しない（融通性がない）。羽化の際に残った脱皮柄などを掃除して次の産卵ができるようにするだけだ。

内勤蜂Ⅱは「看護蜂」といわれ、これも仕事の融通性は低い。

内勤蜂Ⅲは、羽化後12～21日目の中間日齢のハチで、融通性は高く、幼虫の世話以外の仕事を行なう。

それ以上の日齢のハチになるとみな外勤蜂へと変わる。日齢に伴って分業するのがサマービーなのである。

一方、ウインタービーはいうなれば「何でも屋さん」。寿命は長く、個体差もあるが304日も生きた記録がある。ウインタービーの仕事については、このあとで紹介する。

3　ミツバチのことば「ダンス」

餌場を知らせる「円舞」「尻振りダンス」

巣箱をあけて観察していると、各種ダンスをしているダンサーと、それを追いかけているハチをよく見かけるが、実際にダンスをしているのは暗い巣箱の中である。したがって、聴覚、嗅覚なども情報伝達に深くかかわっているようだ。

餌場を知らせるダンスは「円舞」「尻振りダンス」がよく知られている。円舞はおよそ100m以内にある採餌場を伝える際に踊るが、方向を示さず、近くにあることのみを知らせる。

一方、尻振りダンスはより遠い距離にある採餌場を伝え、方向に関する情報も伝える（図1－5、6）。「八の字ダンス」ともいわれている。まず半円を描いて走り、次に尻（腹部）を激しく、小刻みに振りながらまっすぐに走り、今度は反対側に半円を描く。ダンサーはこの最中に翅を振動させて音を出す。周囲のハチはこのダンサーを追いかけながら触角の一部で音を感知している（図1－7）。周囲のハチは、ダンサーが伝達音を発信しながら移動する方向と一緒に走ることによって方向を感知し、またダンスの継続時間によって距離を判断する。絶対的距離を知らせるわけではないが、継続時間が長いほど餌場が遠いことがわかる。

ミツバチの嗅覚

ダンサーに伝えられた餌場に向かうハチは、まず大体の方向と距離を飛行し、近づいたら最終的には嗅覚で目的の餌場に到着する。その驚異的な嗅覚は数km先の匂いを捉えることができ、ダンサーの体についた採餌場所の匂い（花の匂い）、花粉ダンゴや蜜の匂いを記憶して飛び立つ。とはいえ、伝達されたハチは必ずしもその場所へ行くとは限らないらしい。Lindauer（1953）の調査によると、ダンスに追随した150匹のハチのうち、伝達された餌場からの荷を運んできたのは79匹（52・7％）で、そのうちの42匹（28％）だけが同じ採餌場へのダンスを踊ったと

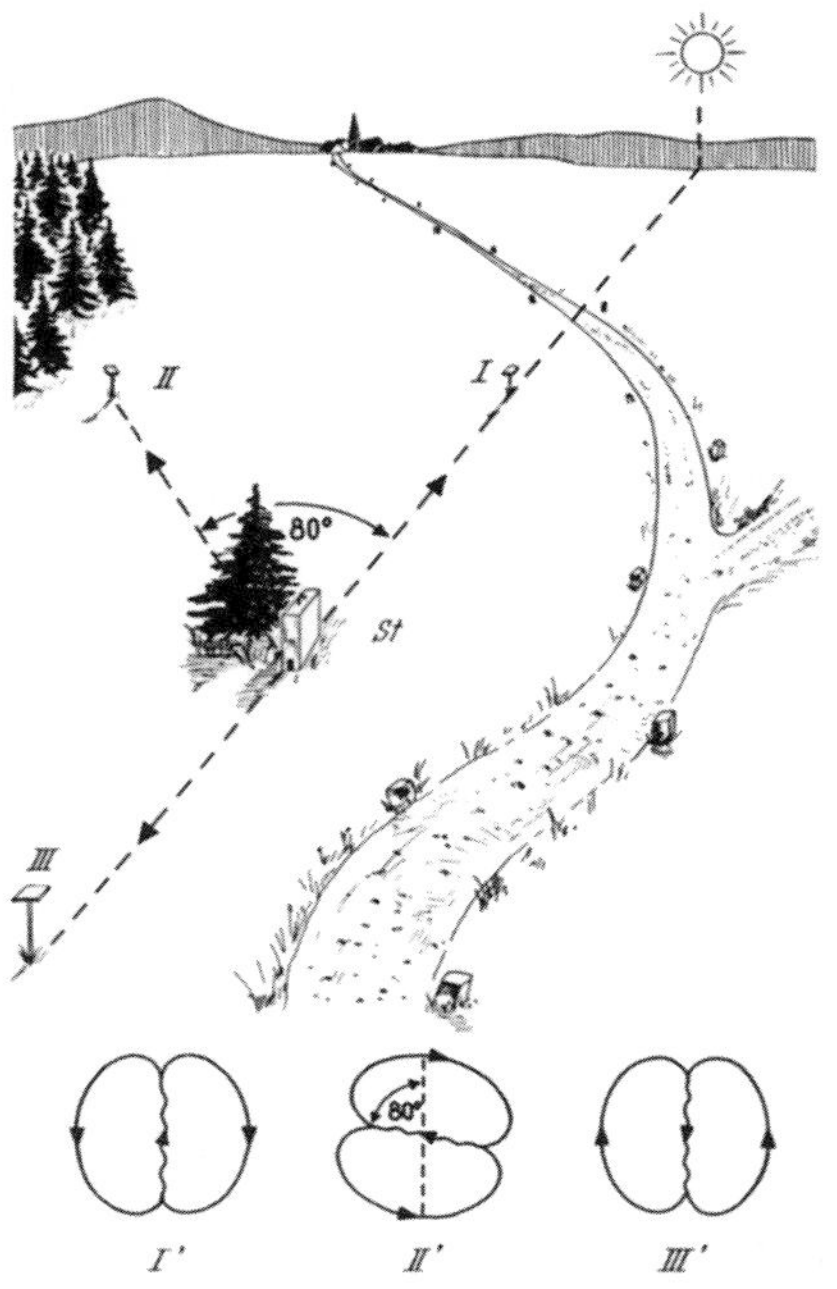

図1－6　ミツバチのダンスの方向と餌のありか

餌が巣箱と太陽の間にあり、一直線上になる場合は、巣枠の上では真上を向いてダンスする（Ⅰ）。餌が太陽に向かって左 80° の角度にあるときは、垂直方向より左に 80° の角度を向いてダンスする（Ⅱ）。巣箱が餌と太陽の間にあり、一直線上になる場合は真下を向いてダンスする（Ⅲ）

Karl von Frish:The dance language & orientation of beesより

図1－5　尻振りダンス

腹部を左右に振り、右回りに半円を描き、元に戻ってふたたび腹部を左右に振り、今度は左回りに半円を描き、ちょうど８の字を描く。この際に蜜源や花粉源のありかを追従する働き蜂に伝える

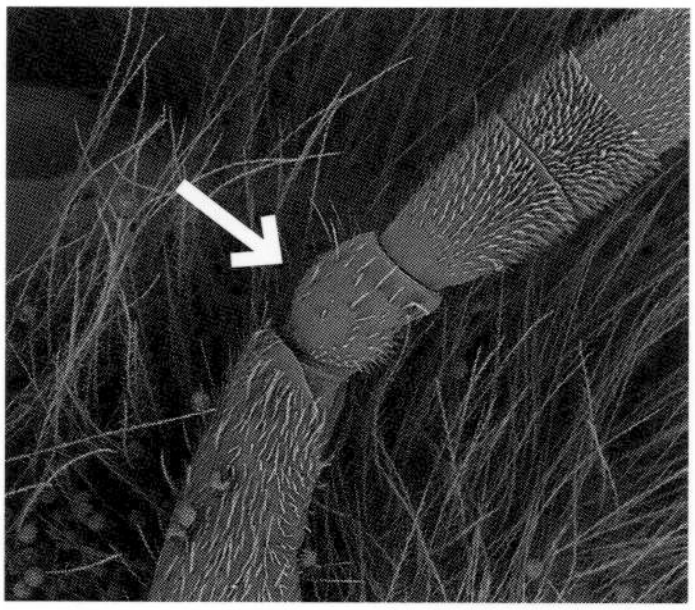

図1－7　音を感知する器官

触角の付け根から２番目の折れ曲がる部分（矢印）にジョンストン器官があり、ダンサーが発信する振動を感知し、ダンスの継続時間により蜜源の距離を判断する

写真提供：佐々木正己氏

報告されている。

最近の研究（原野、２０１７）では、尻振りダンスは「あの餌場に行け！」というより「とにかく餌場に行け！」という言語としてつかわれる場面も多いことがわかってきた。たとえばダンスは回によって尻振り走行の長さも方向も少しずつ異なり、１km先の餌場をダンスが示す範囲は、その餌場を中心としてサッカーグランド22面分の広い面積という。しかし、ダンスの最中に筆で妨害すると採餌量が落ちることから、ダンスが言語として有効なことも証明されている（Okad *et al*, 2012)。

4 オス蜂の生涯

オス蜂は怠け者「ドローン」

オス蜂は、基本的に生殖時期に現われる。オス蜂の卵が産みつけられる時期は、春になって蜂群の勢力が大きくなった頃。働き蜂の巣房より少し大きめの巣房が巣枠の下部付近につくられ、そこに女王蜂は未受精卵を産みつける。女王蜂は巣房の直径を前足で測定し、受精卵と未受精卵を産み分ける。

オス蜂は生殖以外の働きはなく、英語ではdrone（ドローン）と呼ばれる。ドローンには「怠け者」の意味もある。ちなみに、最近ドローン（無人機）が空中撮影などに活躍しているが、飛ぶ音がオス蜂に似ていることからこの呼び名がついたらしい。生殖時期を過ぎると、オスは不要になり、働き蜂から虐待を受けて、多くは巣の外に追い出される。

オス蜂の唯一の役目

オス蜂は女王蜂の飛来を待つ空中の特定場所（Drone Congregation Area：DCA）に多数集まり、羽化して1週間ほど経った未交尾の処女王がDCAに行って交尾する。女王蜂は、生涯で一度限りの交尾飛行で10～20匹のオス蜂と交尾し、受けとる精子の総数は、交尾直後で８７００万個にもなる。オス蜂も一度限りの交尾で、交尾直後に即死する。

交尾を終えた女王蜂は、mating sign（メイティングサイン）といって最後に交尾したオス蜂の生殖器の一部を「栓」のようにつけて巣に戻り（図１－８）、やがて後ろ足ではずし、交尾後２～３日で産卵を開始する。

図１－８　メイティングサイン（矢印）をつけた女王蜂

5 巣の構造と「ビースペース」

理にかなった営巣スタイル

ミツバチの仲間には、1枚の巣枠で開放空間に営巣する種として、オオミツバチ、コミツバチ（図1―9）などがいる。彼らの巣枠を観察すると、蜜は上部に、「育児領域」は下部にある。セイヨウミツバチ、トウヨウミツバチは木の洞や巣箱などの閉鎖空間で営巣するが、彼らも同様である（図1―10）。重い蜜を上部、端側に貯蔵するのは重力に耐え、巣の崩壊を防止する意味で理にかなっている（図1―11）。

図1―9　開放空間につくられるコミツバチの巣
タイで撮影（1994）

人工的な巣箱でも営巣スタイルは同じ

営巣スタイルは人工的に作成した巣箱の中でも変わることなく、巣の上部と両端が貯蜜圏、中央部が育児圏で、その境（中間）の領域に花粉を貯蔵する（図1―12）。

この営巣スタイルをもとに、アメリカのラングストロースが1852年に特許出願とともに開発した養蜂巣箱が、現在世界中でつかわれている巣箱のもとである。もちろん、わが国でつかわれている養蜂巣箱もそうだ。彼が「現代養蜂の父」といわれるゆえんである。

ミツバチがもっている「間隔の感覚」…「ビースペース」

そのラングストロースが、1851年9月、ハチが活動する空間として用い、プロポリスやロウで固定されない「ビースペース」を発見したときのことを日記に書いている。

彼はこのスペース、つまり、ミツバチがプロポリスや蜂ロウで塞がず、通路として用いる1／4〜3／8インチ（6・4〜9・5㎜）の間隔をもと

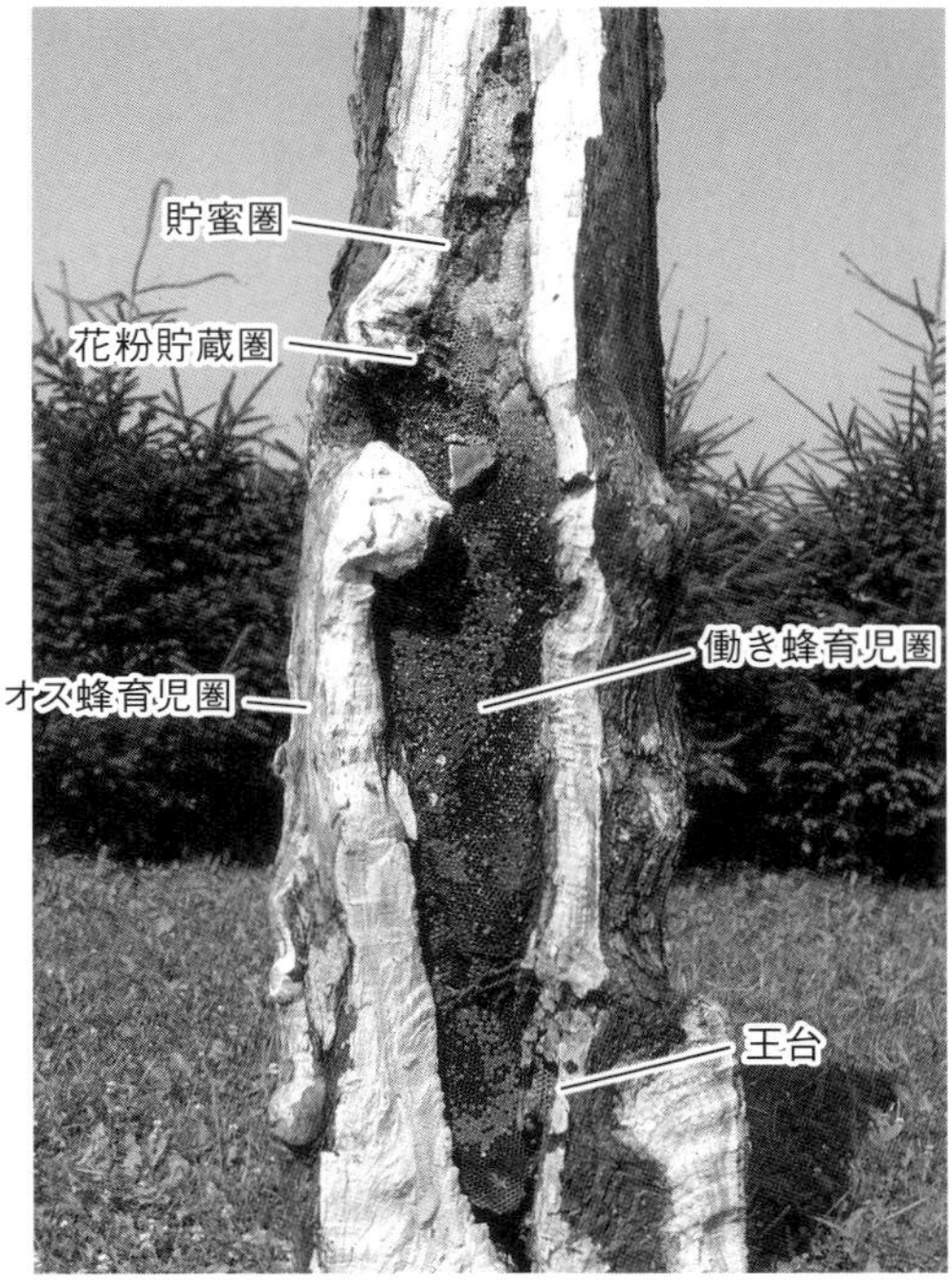

図1－11　巣の基本構造
蜜は上部に蓄えられ、育児は下のほうで行なわれる
写真提供：Thomas D. Seeley

図1－10　トウヨウミツバチの巣
セイヨウミツバチと同じく複数の巣枠からなる巣をつくり、閉鎖空間（下の巣箱）で営巣する。写真は蓋についている巣全体を持ち上げたところ
タイで撮影（1995）

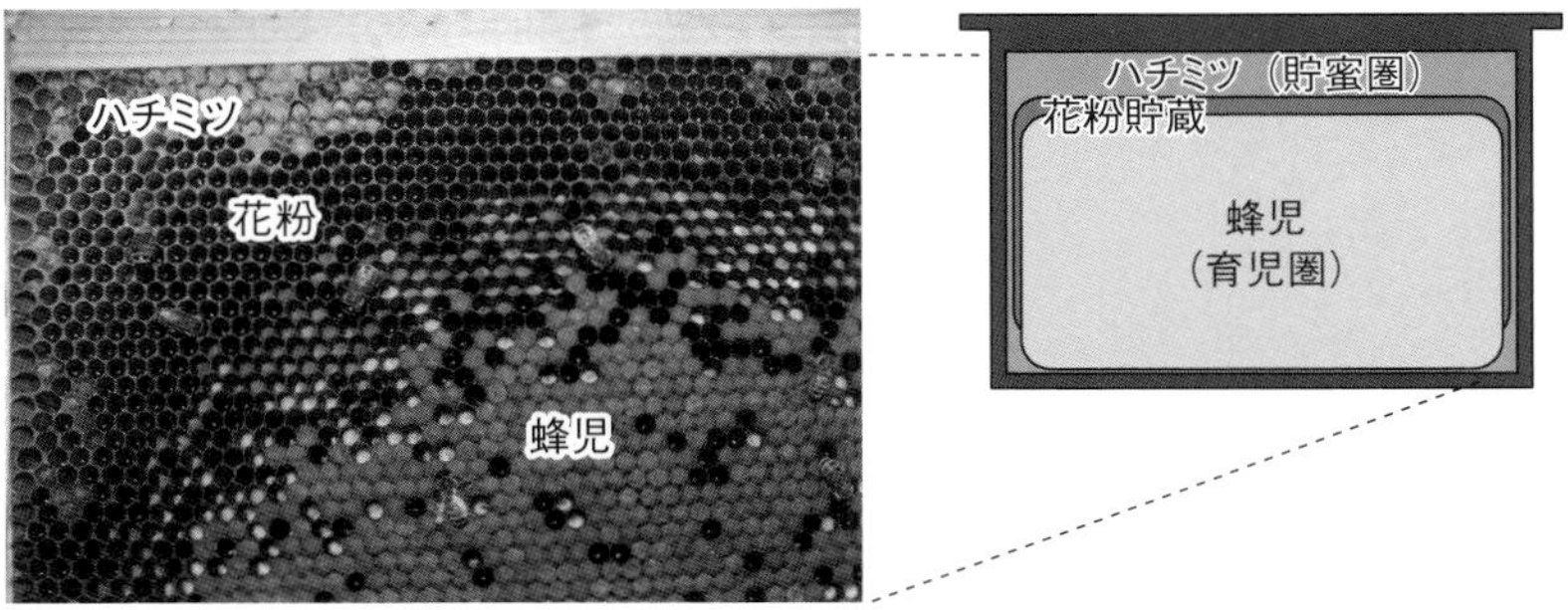

図1－12　巣板の基本構成
上部にハチミツがたまり、中央部に蜂児、その中間部に花粉を蓄える

に、巣枠間の距離、巣枠と巣箱間の距離を考慮し、1852年に特許を申請した。そして、当初はフランスから来たシャンパンが入っていた箱に合わせてつくった可動式の巣枠をもとにして、内検（巣の状態を点検）することが可能な養蜂巣箱を利用する現在のスタイルへの完成へと導いた。彼は多くの文献を読み、スイスのユーベル（1789）のリーフ巣箱で飼育したり、イギリスのビーバン（1827）や、マン（1834）の巣箱を参考にしてこの間隔を決定した。

ビースペースの語源

このスペースについてラングストロースは、1851年の日記の中で「bee space」という用語をつかっていたが、1853年に彼が書いた『Hive and Honeybee』には、このスペースが「"dead air" space」として紹介されている。なお、ビースペースという用語は、ヘドン（Heddon）が1885年に紹介して定着した。

これより少し先に前に、ポーランドのジェルゾンが同様の巣枠間隔やビースペースを確認、報告している。イバート（2009）なども参考にビースペースの概念をまとめると、「6・4〜9・5mmの間隔で、ハチが空間として用い、巣箱の中で働くのに十分なスペースのことで、これより広いと巣をつくって埋め、狭いとプロポリスで埋める」となる（図1－14）。

図1－13　巣箱から巣枠を取り出すようす

"可動式"の巣枠により、内部点検が飛躍的にラクになった

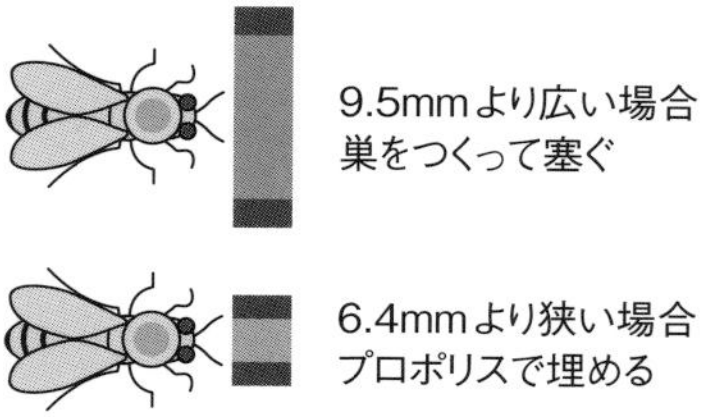
6.4 〜 9.5mmなら
通路としてつかう
（空けたままになる）

図1－14　ミツバチが通路とみなすすき間6.4 〜 9.5mmをビースペースと呼ぶ

中村純氏作成

1mmの差を感知する

ビースペースという単語に対して巣

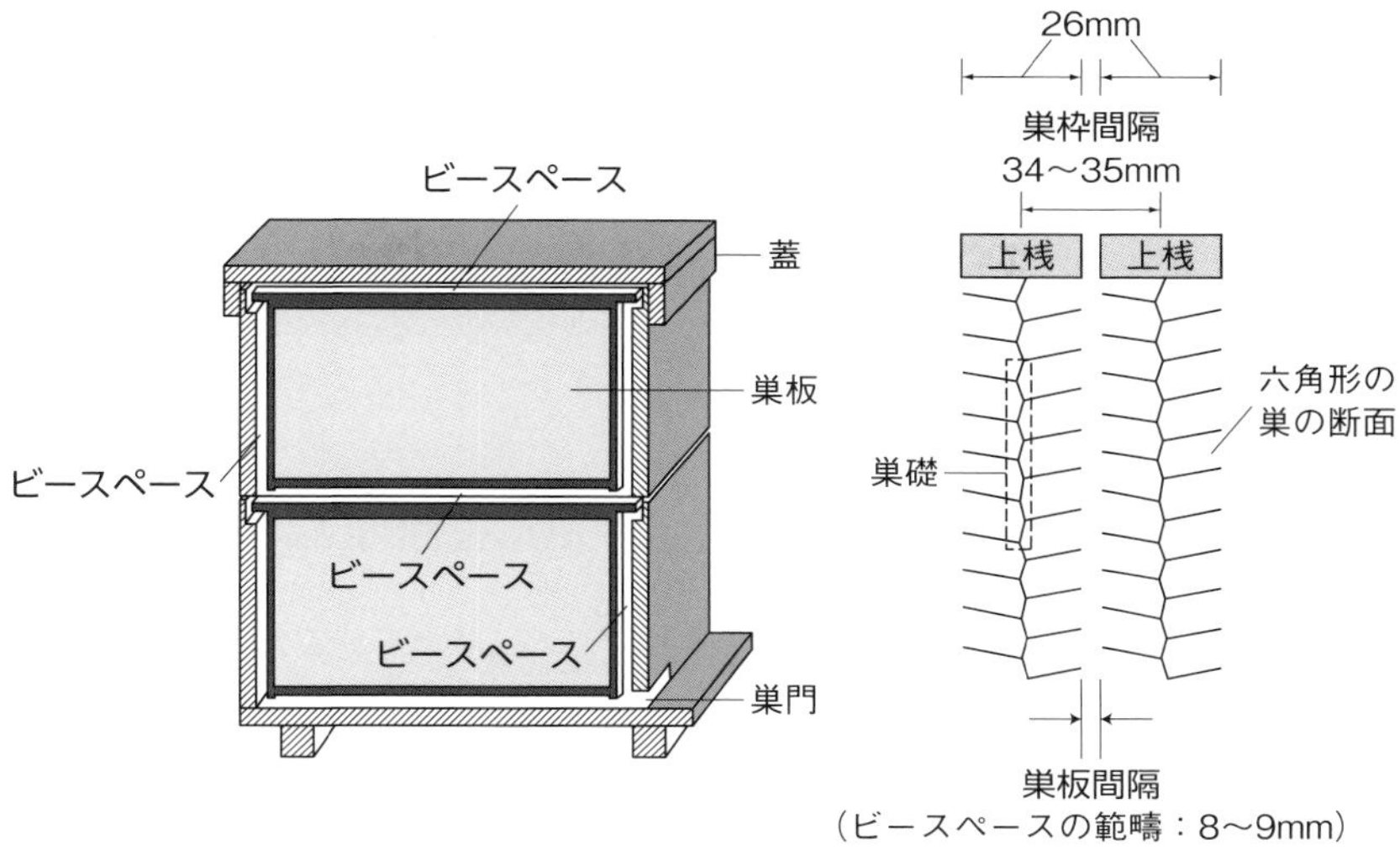

図1－15　ビースペースと巣枠間隔

ハチが空間として用いる 6.4 〜 9.5mm の間隔をビースペースといい、育児圏の間隔でもある。一方、巣枠の中心部どうしの間隔は巣枠間隔という

佐々木正己、養蜂の科学（2003）p.16 を改変

枠の中央どうしの間隔も大切で、この間隔を「巣枠間隔」と呼ぶ（図1―15）。たとえば巣枠上桟の幅が26mmで、ビースペースが9mmという場合は巣枠間隔が35mmになる。ハチはわずか1mmの差を感知する。単純に大きさだけでは比較できないが、ハチにとっての1mmは、人では35cm程度になるという。

ラングストロース式とホフマン式

現在、一般的に使用されている巣箱は、これらの成果をもとに、巣枠と巣箱壁、巣枠間のビースペースを考慮して巣箱の蓋を上部に設置し、上から巣枠を取り出すことができる完全可動型巣枠として設計された、ラングストロース式のものが多い。その後、ジェルゾンと同郷で彼から教えを受けたホフマンが、アメリカでホフマン式の巣枠（46ページ図3―11参照）を開発し、現在では「ラングストロース式巣箱にホフマン式巣枠で養蜂」というスタイルが、国際的にもっとも多くつかわれている。ただしわが国では、ラングストロース式の巣枠が多い。

コラム 1 育児圏の理想的な巣枠間隔は34mm

私の考える理想的な育児圏の巣枠は、上桟幅が26㎜、ビースペース（本書では巣板間隔）が8㎜で合計34㎜の巣枠間隔である。その理由は以下の通り。

1. 英国の食糧環境研究庁（FERA）発行の「Comb Management（巣の管理）、2010」によると、分蜂後にできる自然巣の巣板の中央どうしの間隔（＝巣枠間隔）は30〜32㎜である。分蜂後は、まずここに産卵を開始する
2. Seeley& Morse（1976）によると、自然巣の働き蜂の巣板の厚さは21〜24㎜。よって巣板の厚さは自然巣の最大24㎜を標準とする
3. 巣枠上桟の幅は、巣礎の厚さ（1〜2㎜）も考慮し、巣板の厚さに2㎜程度加えて26㎜とする
4. 32－24＝8㎜が自然状態でのビースペースの標準とすると、26＋8＝34㎜の巣枠間隔がベストと考えられる
5. たとえ8㎜に設定している巣枠の自距装置にプロポリスが付着するなどして、多少巣板間隔が広がっても9㎜のビースペースは確保でき、巣枠間隔は34〜35㎜に維持できるため、育児圏としてふさわしい
6. 育児圏では上記の巣枠間隔とビースペースを保つが、貯蜜圏では38㎜の巣枠間隔で、12㎜の巣板間隔があった方がよい
7. 育児圏（下段）の巣枠を貯蜜圏（上段）に移動する場合は、脱着式の12㎜の三角ゴマ（スペーサー）を取りつけることが可能である※2段群の場合

現在、ホフマン式の巣枠は世界中で使われているが、国内のものは巣枠間隔が38㎜程度のものが多く、育児圏には向かない。育児圏にふさわしいホ式の巣枠が求められる。

一方、ラングストロース式の巣枠の自距装置（金具）は4㎜なので、巣枠上桟の幅26㎜の巣枠に付けると育児圏にちょうどよい。

ビースペース、巣枠間隔が理想値に保たれるのならば、ホ式でもラ式でもどちらでもよい。

第2章
ミツバチ飼育のポイント

1　ハチ密度を高く保って飼育する

額面蜂児の枚数が蜂群の勢いを決める

「採蜜量は働き蜂の数の2乗に比例する」と聞くことがある。実際に「2乗」とまではいかなくても、強勢群でハチ密度が高い蜂群は、それぞれの場面での働き手がバランスよく調達され、育児に必要なハチミツや花粉が巣に運び込まれる。ハチミツの量は蜂児の数と関係があるという研究もあるが、じつは若い幼虫が発つ「蜂児フェロモン」が大きく関与している。

ミツバチ飼育にあたっては、「額面《がくめん》蜂児《ほうじ》」をいかに多くつくるかが重要なポイントになる。

額面蜂児とは、図2－1のように、巣枠の四隅まで全面に産卵されている巣枠のこと。巣の中央部分のみに蜂児がいる巣枠が4～5枚あるより額面蜂児が2枚あるほうが、ハチミツをたくさんとれる強勢群を育成することが可能になる。そのためには、つねにハチ密度が高い状態にあり、巣枠を持ち上げたときに巣面が見えなくなるほど働き蜂で覆われていることが大切で、蜂群を立ち上げる春一番の管理から、ハチ密度を高く保ちつづけることが必須条件である。

図2－1　額面蜂児枠
巣枠全体に卵が産みつけられ、蛹になる直前に巣房に蓋がかけられた状態

ハチ密度を高くすると幼若ホルモンが活性化

巣内の環境は高密度のハチによってCO_2濃度や温度が変化する。それに伴って、働き蜂の幼若ホルモン（Juvenile hormone：JH）も活性化する。JHは、働き蜂の分業や寿命の調節に重要なかかわりをもっているホルモンだ。蜂児が存在する領域での巣内環境は、温度35℃、CO_2濃度1・5％であることが観察され、働き蜂のJHの量が急速に、しかも明白に増加する。一方、蜂児がいない領域では一般的に温度、CO_2濃度ともに低下し（27℃ 0・6％）、JHの量も低下してしまう。

さらに、蜂児がいると蜂児フェロモンが分泌され、産卵・育児活動が活性化し、採餌活動も活発になる。ハチ密度は育児や集蜜力と比例する関係にあるのである。

2 採蜜2カ月前の「春宣言」

健勢給餌で春の到来を知らせる

春一番の管理は、その年の最初の採蜜を目標とする蜜源植物の開花2カ月前に越冬を終え、ハチ密度を高めて、蜂群に「春宣言」を行なうことである。春宣言とは、産卵していない不必要な巣枠を可能な限り巣箱から抜くことでハチの密度を高め、「健勢給餌」する（50％程度の砂糖液を100㎖餌として与える）ことである（詳しくは第3章）。こうして蜂群に春の到来を知らせ、産卵に拍車をかける。

産卵開始から2カ月で採蜜群に成長

春に産卵された働き蜂の卵は3週間で成虫として羽化し、その後はすぐに外に出ることなく、内勤蜂として巣箱内で清掃、育児、巣づくり、換気、門番などを経て、羽化してから3週間後に外勤蜂として採餌活動を行なう（図2－2～4）。「春宣言」の産卵開始から6週間で卵から外勤蜂がすべて出そ

図2－2　巣づくり中の働き蜂

巣づくりのときは互いにぶら下がり合い、ロウ片を腹部から出し、口に運んで噛みながら少しずつ巣をつくる。腹部の白い部分が分泌したロウ片（矢印）

図2－3　暑い空気を外に出す扇風行動のようす

セイヨウミツバチは巣門に向かって扇風するが、トウヨウミツバチは逆に巣門から外に向かって扇風する（円内）

UAEで撮影（2019）

ろい、さらに2～3週間を経過する頃、すなわち産卵開始から2カ月を経過する頃には、蜂群内での蜂児、内勤蜂、外勤蜂のバランスが整い、採蜜群として健康な蜂群ができあがる（図2－5、6）。

図2－4　3匹の門番が侵入者（矢印）を念入りに“点検”している

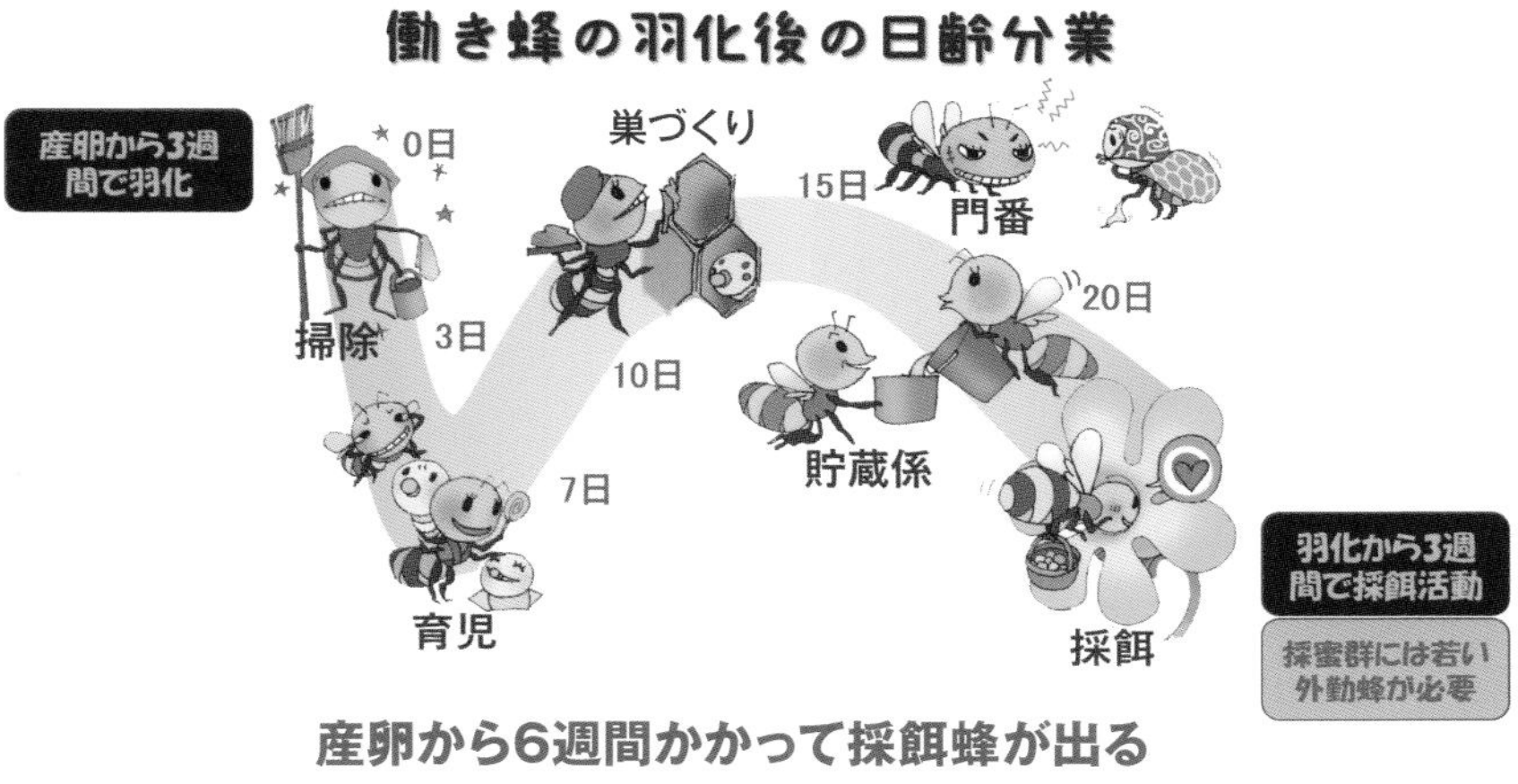

図2－5　働き蜂の日齢分業
玉川大学ミツバチ科学研究センター（原図）を改変
ハチのイラスト：朝賀雅楽氏

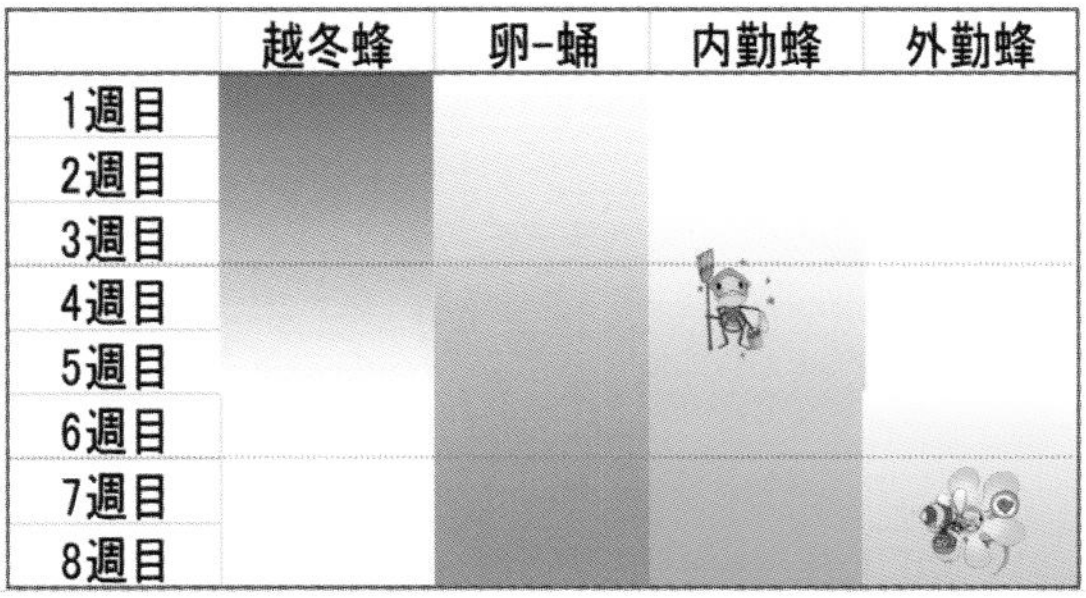

図2－6　産卵開始から2カ月で採蜜群に成長する
産卵開始から幼虫を育ててきた越冬蜂は次第に寿命を迎え、8週間後には若い外勤蜂が採餌活動を活発に行ない、卵・幼虫・蛹も継続して生産されるサイクルが成立する

急激な冷え込みに注意

春の働き蜂は、産卵から6週間後には外勤蜂として採餌行動を開始する。その後2、3週間ほど経過すると、卵・幼虫・蛹・内勤蜂・外勤蜂がバランスよく、つねにたくさん供給されるようになる。すなわち、春の管理は、春一番の採蜜を目標とする2カ月前には「春宣言」をハチに伝え、採蜜群として育成することが「キモ」となる。ハチの密度を高く保ち、春にときどきある急激な冷え込みにも十分注意しながらの管理が大切である。

3 巣枠を「貯蜜圏専用」と「育児圏専用」に分ける

巣板の間隔を調整する

ハチが通路としてつかう「6・4～9・5mm程度の空間」を「ビースペース」と呼ぶことはまえに述べた。この間隔は育児圏の間隔でもあるので産卵させるところには巣板間の間隔をビースペース（通常は8～9mmの間隔）に調整することで、育児専用にすることができる。

一方、蜜がたまる場所は、自然巣では巣が厚くなっていることが多い。そのため、巣箱内でも貯蜜圏では巣板間隔を広げて、「12mm程度」に調節する。ちなみにこの12mmの間隔はビースペースの範疇を超えていて、ビースペースとは言わない。蜜がたまってきたら、最終的には15mm程度にしてもよい。ハチミツはこの貯蜜専用の巣枠のみからとる。ハチミツは貯蜜専用の巣枠から効率よく採蜜すると、採蜜したときにハチミツの中に幼虫や花粉などが混ざらず、クリアな蜜になる。

2段群（箱）がおすすめ

巣箱には、「単箱」（1段群）と、箱が上下2段に重なった「2段箱」（2段群）とがあるが、どちらも「貯蜜圏」と「育児圏」に分けて考えることは共通である。私は、採蜜群では基本的に2段群にし、下段と上段の間を隔王板（図2−7）で仕切って下段を産卵圏、上段を貯蜜圏とすることを強くすすめている（図2−8）。

育児圏に蜜がたまってしまったら

ただ、上段を貯蜜圏と決めても、下段の育児圏の巣の上部にも蜜がたまりやすい。この蜜の部分は表面を軽く削ることにより、その部分を内勤蜂がただちに掃除を開始し、蜜で汚れた巣房をきれいになめとり、壊れた部分を修復する（55ページ参照）。ミツバチはこうして掃除した巣房に産卵する性質があり、この性質を利用して巣枠の四隅まで産卵を促すことにより、「額面

図2−7　隔王板
育児圏（下段）と貯蜜圏（上段：継箱）の間に挿入して女王蜂が上段に上がらないようにする道具。働き蜂は通過できるが女王蜂とオス蜂はできない間隔に鉄線（竹製もある）が張られている

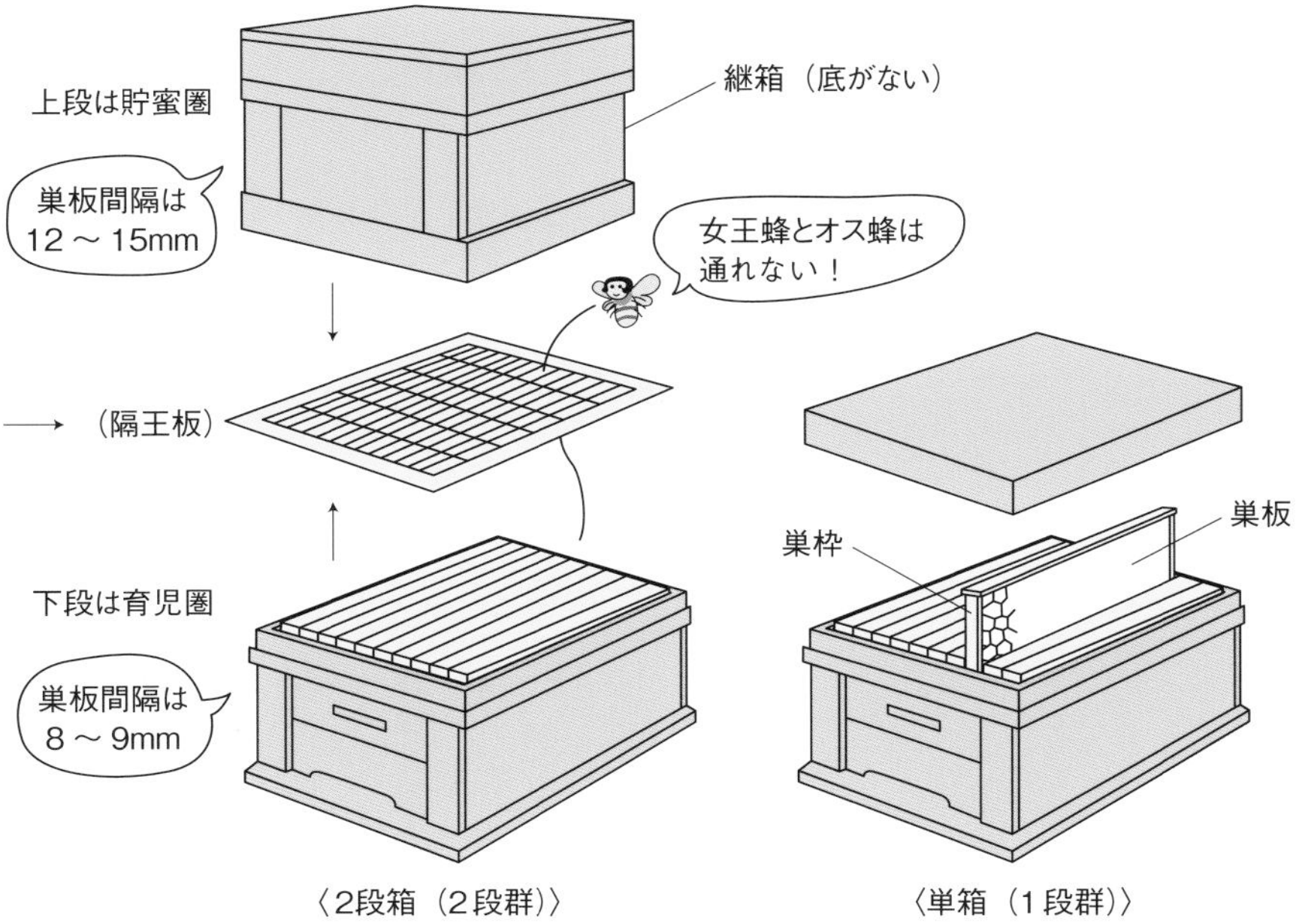

図2−8　2段箱と1段箱のイメージ

図2−9　スペーサー（三角ゴマ）
巣板間の距離を12mmに調整するためのもの
編集部撮影

図2−10　すべての巣枠にスペーサーが取り付けられている巣箱内のようす
巣枠間に無駄巣ができている。この間隔（12mm）では育児圏にふさわしくない

蜂児」をつくることができる。また、このときハチは同時に蜜を上段の貯蜜圏に移動させる。この方法については、55ページから詳しく紹介する。

育児圏では三角ゴマ（スペーサー）を取りはずす

なお、継箱を乗せずに単箱（1段群）で採蜜する場合は、貯蜜圏は箱の両外側部になるので、その巣枠間隔を広げて貯蜜圏とする。

すなわち、新しく蜂群を購入したときに巣枠についてくる12mmの三角ゴマ（スペーサー）は、育児圏では取りはずし、育児や蜂群内の温度管理にとって最適な環境になる「ビースペース」で飼育すべきである（図2−9〜11）。

分蜂を阻止し、流蜜期に最大の集蜜能力を発揮させる

4月中・後半から初夏にかけて、蜂群の勢力が大きくなるにつれ、オス蜂の卵が巣枠の下部付近に産みつけられる。この頃には、王椀（女王蜂を育てる王台のもと、椀のような形をしている、71ページ参照）の形成も盛んになってくる。王椀の先端開口部は働き蜂の巣房と同じ直径になっており、そこには受精卵が産みつけられる。いよいよ分蜂の準備である。

一方で、働き蜂が女王蜂の体の上に

図2－11　8mmの間隔は通路または育児圏の間隔

12mmの間隔では無駄巣をつくり、同時に蜜がたまりやすい。単箱のときは最外部を蜜がたまりやすいように12mm間隔にし、内側を育児圏の8mm間隔にする

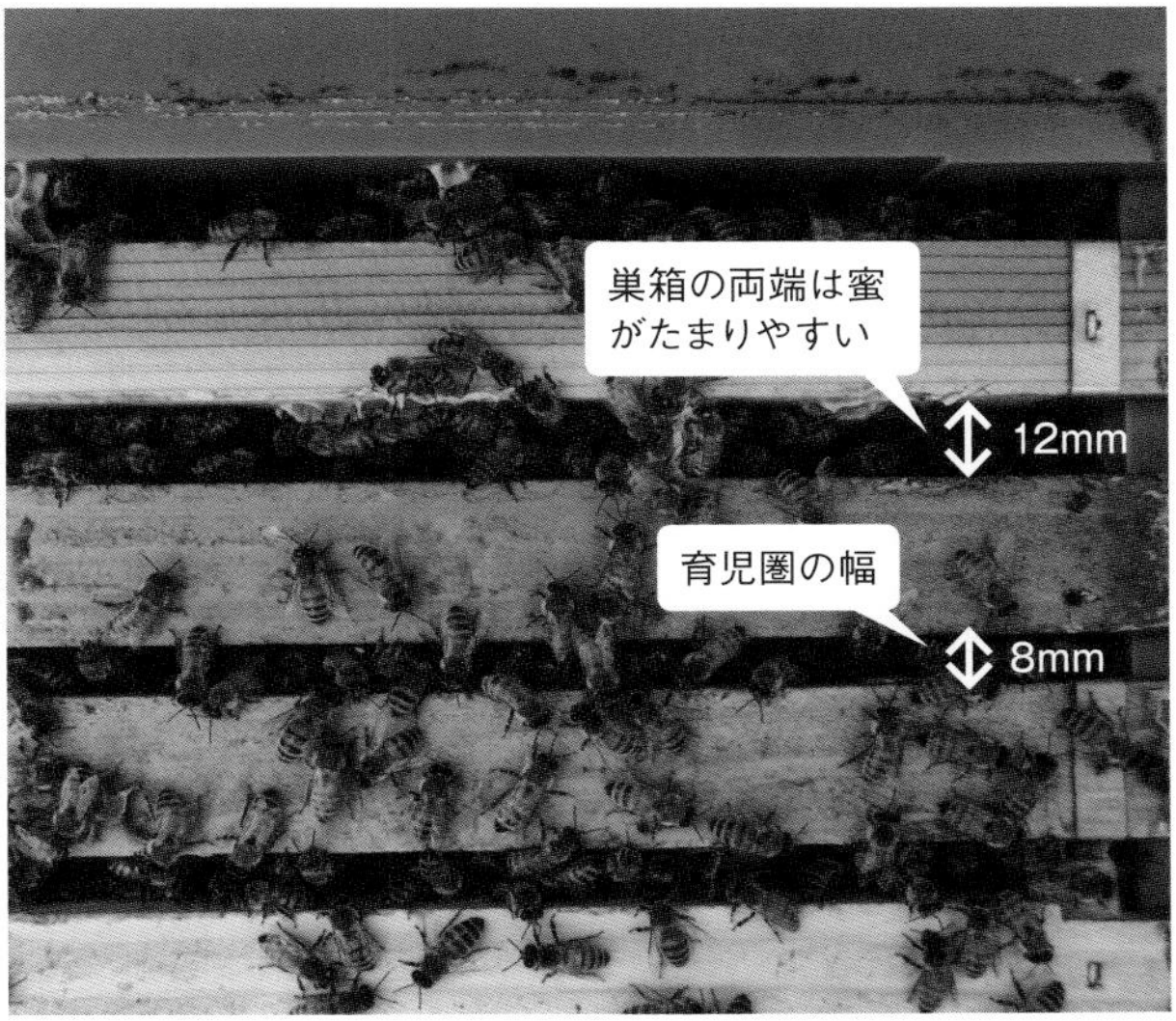

乗り、頻繁に揺する行為が見られるようになる（67ページ参照）。受精卵が産みつけられた王椀は、卵がふ化すると「ローヤルゼリー」が与えられ、次第に王台として大きくなり、蛹になる前に蓋がかけられる。この頃に分蜂が始まる。

　分蜂は旧女王蜂とおよそ3分の2の働き蜂が外に出て、別の場所での営巣を始めるため、分蜂された蜂群は採蜜群としての勢力を維持できなくなる。一年でもっとも蜜源植物の開花が盛んな流蜜期（5～7月が中心）には何としても分蜂は避けたいところである。

　そのためにはあらかじめ女王蜂と、働き蜂がついた2、3枚の巣枠を別の箱に移すなどの作業（人工分蜂）を行ない蜂群を分割することで、何とか勢力を維持し、流蜜期に最大限の収穫を実現するようにする（70ページ参照）。詳しくは3章で紹介する。

　流蜜期の王台の管理は手間がかかり、養蜂家を悩ませる要因である。

図2－12　取外しが可能な木製コマ

ふつう、巣枠には右ページの写真のようにすでにスペーサーが固定されているが、以前は取外し可能な木製のコマも存在した

提供：野々垣養蜂園

4　夏以降の飼育ポイント

越冬に向けた準備

春から夏にかけては、生まれてくる働き蜂（サマービー）によって蜂群の勢力が伸びるが、夏も終わりになると越冬の準備が始まる。夏後半から秋にかけて生まれてくる働き蜂は「ウインタービー」といわれ、蜂群の体制も越冬に向けて準備が始まってくる。この時期にしっかり産卵させ、病害虫管理も徹底し、越冬を確実にすることが大切である。

ミツバチヘギイタダニ対策

近年は「ミツバチヘギイタダニ」（91ページ）が蛹に寄生して大きな被害が出ている。寄生された蜂児は成虫として羽化する際に翅が縮れて飛べないので、巣箱から這い出し、そのまま戻らない（図2—13）。そうするとハチは減少する一方で、ときには蜂群が全滅することもある。秋にこのダニが大繁殖すると越冬できない状況に陥る。

ミツバチは巣箱内では一斉に集まって「蜂球」を形成し、蓄えてある貯蜜を燃料として内部を30℃前後に保ち、恒温動物並みの体温で越冬する。そのため寒さには適応している。ただ、越冬中に必要以上に温めすぎると、時期はずれの産卵・育児が始まり、蜂群内の貯蜜の消耗が激しくなったり、外に花がない時期に花粉が必要になるなどの不都合がおこる。

ミツバチヘギイタダニの被害を少なくする意味でも、冬期は蜂児をなくし、ミツバチヘギイタダニが増殖できない時期を設けるべきである。「極端に冷やさず、温めすぎず」の管理である。

図2－13　ミツバチヘギイタダニによってチヂレバネウイルス（いわゆるバロア病）にかかったハチ（両方）

コラム 2

採蜜量3倍計画！——養蜂新興国モンゴルで蜂群改善を実現

（公益社団法人国際農林業協働協会　西山亜希代）

2群から年間180kg——これは、千場先生のモンゴル一番弟子が、人生で初めてミツバチを飼った年の採蜜量である。この年、彼は2群の蜂群を手に入れ、この2群から採蜜した。十分な成績と思う。しかも、首都郊外で、目に見える範囲にはほとんど蜜源がない地域での飼育だった。

相手は小さな生き物

千場先生と私と一番弟子のウーガンさん（図2−14）は、2013年に初めて出会った。農林水産省から助成をいただき、モンゴルで1年間養蜂事業を行なった際、千場先生に飼育指導を、ウーガンさんに通訳を依頼したのが始まりだ。ウーガンさんは先生と出会って初めてミツバチを目にした。彼は獣医で、「これまで馬や羊を扱ってきたのに、今度の仕事はこんなに小さな生き物が相手なのか!?」と驚いたらしい。

図2−14　ウーガンさん（左）と筆者

1群あたりの年間採蜜量27kgを達成

2013年当初、モンゴルでの採蜜量は年間平均8kg／群。モンゴルでは1950年代後半に養蜂が導入されたが、その後の社会経済の混乱期に一時ほぼ壊滅した。2013年は養蜂が再導入されつつあった時期にあたる。当時、国が打ち出す養蜂振興計画は、「5年後のハチミツ生産量を8倍の240tに」というものであったが、生産性の向上ではなく、単に蜂群数を4000群から3万群に増やすことで目標を達成しようとしていた。しかし、千場先生は「ハチが薄い。技術があれば、蜂群あたりの採蜜量を少なくとも3倍にできる」と断言した。

私もウーガンさんも、先生の言っている意味がそのときは正直まったくわからなかったけれど、先生は、自分が教える技術についてその根拠を丁寧に教えてくれた。ミツバチの生態と合わせて聞けば「なるほど」と思え、事実、たった1カ月の活動で、モンゴルの蜂群に変化が現われた。

その後、２０１５年から3年間、ＪＩＣＡ草の根技術協力事業により「養蜂振興による所得向上プロジェクト」を実施した。３年間の事業終了後、事業に参加した50軒余りの養蜂家の年間採蜜量は、１群あたり約27kgまで増加した。先生のことばどおり、２０１３年の3倍超。そして、ウーガンさんは、先生とミツバチとの出会いから4年後、1回の採蜜で20kg近く採蜜するようになり、今は、全国を飛び回って養蜂家と獣医を指導している。

（ＪＩＣＡ草の根技術協力事業「養蜂振興による所得向上プロジェクト」プロジェクトマネジャー）

図2－15　モンゴルでは上桟のサイズがバラバラの巣枠が見られた
これでは巣板間隔の調整ができない

コラム３　ニホンミツバチのビースペースと巣枠間隔を予測する

吉田（1993、2000）は「セイヨウミツバチのビースペースは巣板間隔で10㎜」とし、ニホンミツバチ用には「30%縮めて7㎜」としているが、セイヨウミツバチのビースペースは10㎜と固定したものではなく、6・4〜9・5㎜の間隔である。これより広いと巣で埋め、狭いとプロポリスで埋める。

ミツバチのサイズは育つ巣房の内径に比例しているが、100㎠あたりの働きバチの巣房数の調査によるとセイヨウミツバチが411巣房なのに対し、ニホンミツバチは509巣房である（岡田・酒井、1960）こと、働きバチの巣房の径がセイヨウミツバチで5・10㎜に対してニホンミツバチが4・65㎜（吉田、1997）であること、さらに「ニホンミツバチが住める里山を育てる会（http://blog.livedoor.jp/siroringo/archives/5046126.html）の調査で、ニホンミツバチのビースペースは6〜7㎜（8㎜でも可？）となっていることをおおよその根拠として、ニホンミツバチのビースペースは5・8〜8・6㎜付近、実用的には7㎜で問題ないと推定できる。ニホンミツバチの場合、プロポリスを集めないのでこれより狭ければ蜂ロウで塞ぎ、広い場合は巣をつくる。

第３章
ミツバチ飼育の実際
——採蜜群育成にむけて

1 初めての養蜂
——始める前に考えておくこと

飼育する環境

養蜂を始めるにあたり、飼育場所の調査・確保をする。近年、専業の養蜂家でも適切な養蜂場の確保がきわめて難しくなってきている。ゴルフ場、水田や農村地帯など、農薬を多く使用する場所はハチが被害を受けることがあり、可能な限り避けたい。住宅密集地では夜間、周囲の家の窓の明かりに飛び込み、迷惑がかかることが多い。また、ハチの糞が洗濯物などにかかる、いわゆる糞害も配慮しなければならない。住宅街でも、庭の敷地面積が広い場所や近隣の住宅から目立たない場所があれば飼育は可能である。

逆に、都会は案外農薬が少なく、街路樹や民家の庭木、さらに近くに緑地公園などがあればミツバチにとって生活しやすい地域といえる。最近はビルの屋上での養蜂が盛んになっている。私は都内の私立学校の屋上で1972年から飼育を始めたが、当時も今も、都会は蜜源植物が多く、オオスズメバチなどの外敵も少なく、ビルの屋上はミツバチ飼育にとってはよい環境であると思われる。

ハチが余分なエネルギーを浪費しない場所が最適

巣箱を置く場所は、夏の直射日光が強い場所は日よけを施し、一年を通して風あたりの強い場所を避ければ、あまり神経質にならなくても大丈夫である。また、巣の入り口の方角は、それほど気にしなくてよい。

用意しておきたいもの

飼育を始めようとする人がハチの刺毒に対してアナフィラキシーショック体質である場合は、飼育は困難である。周囲の人々にショック体質の人がいることも考えられるので、近隣の人にはミツバチを飼育することを伝え、万が一の場合に備えて、「エピペン®注射液」や、患部の血液と毒液を絞り出すポイズンリムーバー（図3―1）、軟膏などの防御態勢は整えておくべきである。これらは専門店やアウトドアショップ、ネット通販でも入手できる。

※エピペン…医師の治療を受けるまでの間、アナフィラキシー症状の進行を一時的に緩和し、ショックを防ぐための補助治療剤。自分で注射できる自己注射器で処置する。

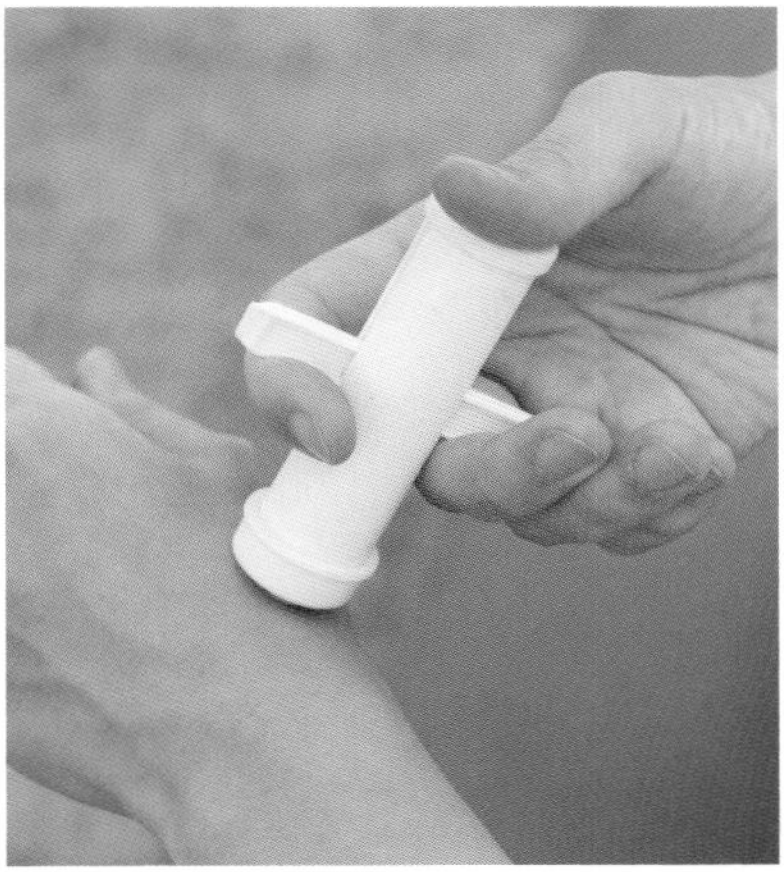

図3－1　ポイズンリムーバー
レバーを引いて毒を吸い出す
編集部撮影

2群からのスタートがおすすめ

蜂群の購入に関して、初めての場合は1～2群からスタートするのがよい。とくに近くに飼育している状況がない場合は、2群からのスタートをおすすめする。1群のみで周囲にほかの蜂群がない場合は、新女王蜂をつくる場合、近親交配になってしまうおそれがあるからである。

2～3年はじっくり腰を据えて

飼育していくうちに、分蜂や人工分蜂などで蜂群数が増えていくことがあるが、2～3年は増やしすぎないようにしたい。扱いが慣れないまま増やして分蜂の回数が多くなったりすると、周囲の迷惑にもなりかねない。また、周囲の蜜源植物、花粉源植物の状態も2～3年はようすを見て、流蜜時期や蜜の入り具合により、養蜂場にふさわしい群数を決めることも大切である。

蜜蜂飼育届をお忘れなく

蜂群を飼育するにあたって、養蜂振興法の規定に基づき、蜜蜂飼育届の提出が義務付けられていることも忘れてはならない。まずは地域の家畜衛生保健所に問い合わせる。また、地域の養蜂協会に所属して病気や蜜源植物の管理に協力すべきである。

養蜂器具と蜂群の入手方法

上記の準備が整ったら養蜂器具を調達し、蜂群（種蜂という）を入手する。

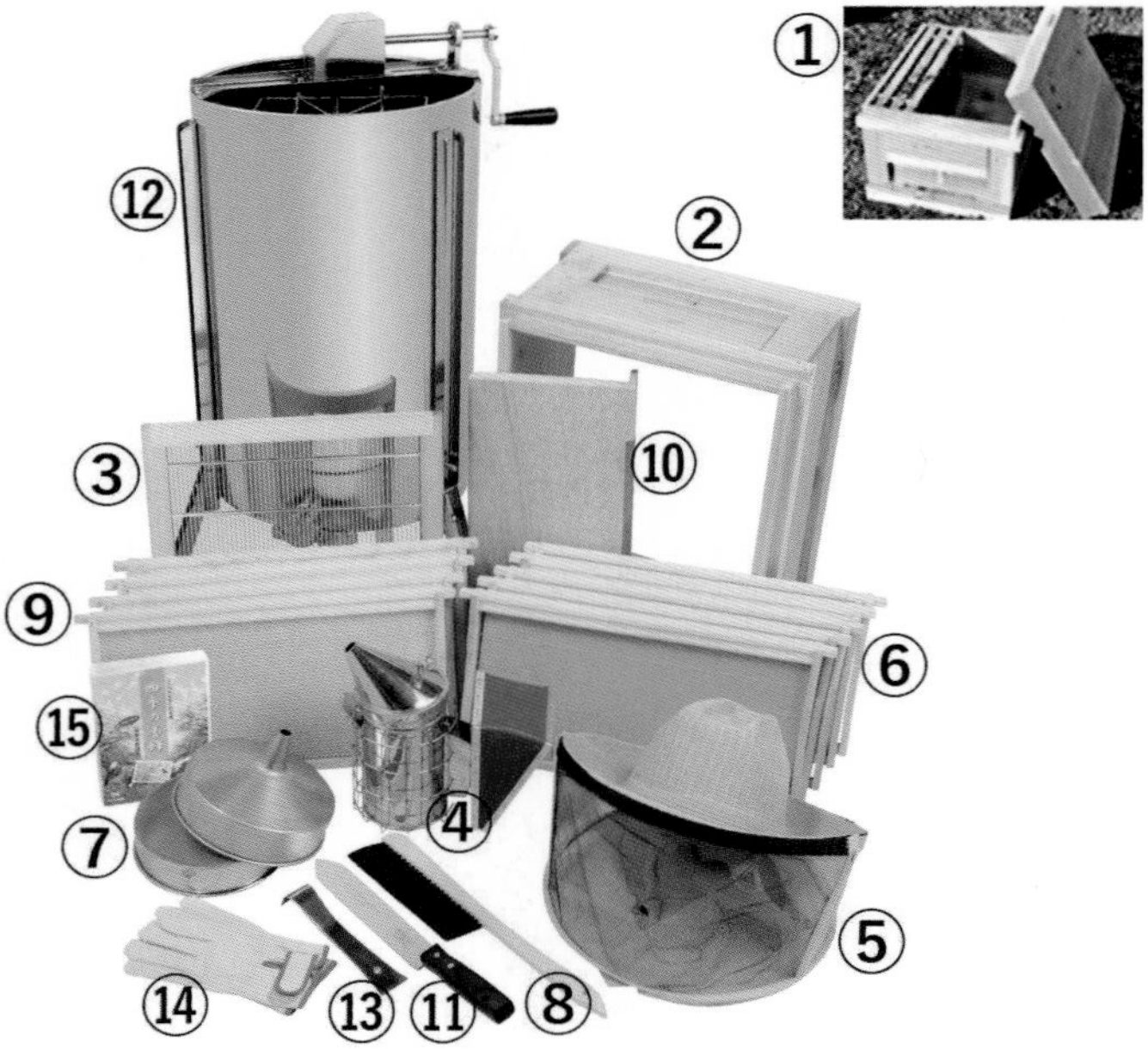

図３－２　ミツバチと養蜂器具の例
初めての場合、まずは養蜂家に相談して必要な機材を購入するが、養蜂キットも販売されており、器具販売会社が相談に乗ってくれる

①ミツバチ３枚群（新巣箱入）（3号）　１群
②継箱（窓付）（3号）　１個
③巣枠10枚用隔王板　１枚
④燻煙器　１個
⑤帽子付面布　１枚
⑥巣礎枠組立完成品（ホフマン式）　５枚
⑦円型蜜こし器　１個
⑧ハチブラシ　１本
⑨空巣脾半製品（ホフマン式）　４枚
⑩木製給餌器　１個
⑪蜜刃　１本
⑫ステンレス分離器　１台
⑬ハイブツール　１個
⑭手袋　１双
⑮教材DVD　１枚
熊谷養蜂㈱のカタログより

これらは各地の養蜂器具店（巻末の127ページ参照）や、近くの養蜂家などからほぼ一年中（春から秋が中心）入手できる。最初は「養蜂キット」を購入するのがてっとり早い（図３－２）。

蜂群の入手は春から秋がおすすめ

蜂群の入手時期は４～９月頃が中心となる。まだ動き出していない早春（２月頃）や、入手してもすぐに越冬の準備となる秋～冬（10～２月上旬）は、初心者は避けたほうが無難だ。

2　蜂群が到着したら

しばらく静置してから箱内を点検

蜂群を注文すると、巣箱よりも一回りほど小さい輸送箱で到着することが多い。10枚の巣枠が入る通常の巣箱に対して、輸送箱は5枚もしくは7枚の巣枠が入る、横幅が少し狭い巣箱である。中には3～5枚の巣枠が、女王蜂、働き蜂、若干のオス蜂とともに入っている。

まず、あらかじめ決めておいた場所に設置する。設置場所は、直射日光が強すぎず、年中風が吹いていないようなところならば問題ないが、設置後はむやみに移動できないので注意する。

その後、販売店や送り元のアドバイス、箱の説明書などに従って蓋をあけ、内部を点検（「内検」という）する。ふつう巣箱内が安定するまでに1～2時間はかかる。

蜂群が落ち着いたら、必ず防護服を着て、燻煙器をつかいながら巣門をあける。次に蓋を開け、巣枠を固定している釘などをはずし、内部を点検、女王蜂の健康状況、餌不足などの点検をする。

巣箱を一度設置したら動かさない

知人から分けてもらう場合、輸送箱をその場で返すこともあるが、できれば数日間はそのまま飼育してようすを見るとよい。後日、通常の飼育巣箱に取り替える。このとき、最初に輸送箱を設置した場所からは絶対に移動しないようにする。輸送箱があった場所に新しい巣箱を置き、そこに巣枠を移動するとよい。

このあとは、季節、蜂群の状況、蜜源状況を見て、新しい巣枠を追加していく作業になる（52ページ参照）。

巣箱の蓋をあけるときの注意点

蜂群が新たに到着したときもそうだが、通常、ハチの状態を点検することを「内検」という。内検するときは、まず、巣箱の蓋をあける前に燻煙器に火をつけ（図3－3、4）、十分な煙が出ることを確認しておく。それから

図3－3　麻布に火をつけて燻煙器に入れる
編集部撮影

図3－4　燻煙器はつかわないときもこの程度煙が出るように調整する。そっとかけるだけで必要な煙が出る

図3－5　内検時は面布、手袋を装着する。明るい色の服装がよい

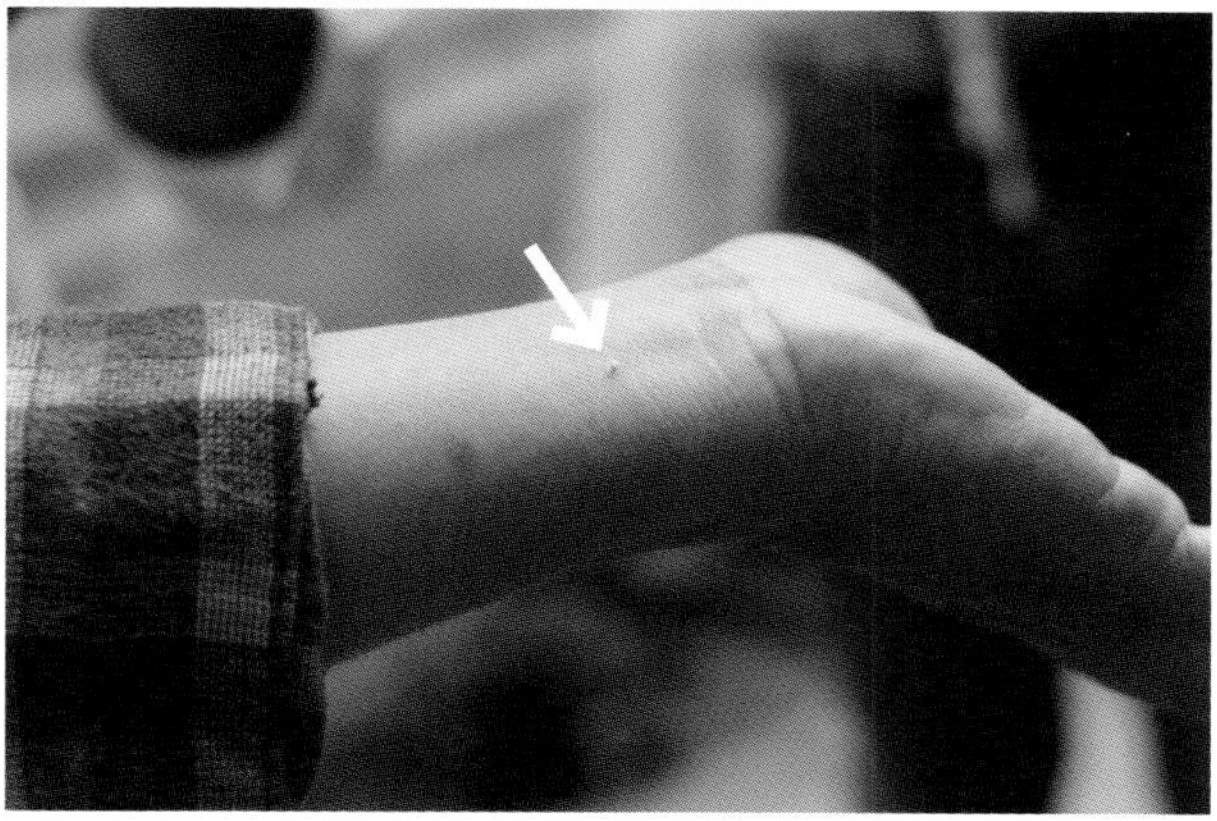

図3－6　ミツバチに刺されてすぐのようす（矢印）
まだ針が刺さっている。爪でかき取るように針を抜く
編集部撮影

面布、手袋（ゴム製など。軍手は不可）を装着し（図3－5）、黒系の服装を避け、明るい色の服を身につける。毛糸などはハチがとまるとハチの足が絡み、飛びにくくなり、人を刺す場合が多いので避ける。

働き蜂の刺毒の成分は哺乳動物を対象にしており、攻撃部分も哺乳動物の弱点である頭、目、鼻や耳の穴など黒い部分を攻撃することが多い（図3－6）。また、化粧品の中には、ハチにとって警戒フェロモンに相当する物質が入っている場合もあるので、化粧品の匂いには注意が必要である。

急激な動きをしない

準備が整ったら、蓋をあける前に巣門に軽く煙を吹きかけ（図3－7）、蓋をあけるときも静かに燻煙しながら、ゆっくりとあける。その後は、ハイブツールという道具で巣枠を取り出し点検する（図3－8）。ハチは急激な動きに反応し攻撃することがあるので、蜂群付近では絶対に急激な動きをしない。また巣箱をノックする人もいるが、必要ない。

防護服や手袋があっても燻煙器は必須！

ミツバチに煙をかけると煙を嫌がり、逃げる行動を示す。進化の過程で森林火災などに遭遇し、火元から逃げる性質が備わったと思われる。煙をかけられたハチは煙から遠ざかると同時に、逃げる準備のため蜜をお腹に貯め込む。お腹に蜜が入ったハチは気性がおとなしくなり、内検しやすくなる。

燻煙器の火おこしはしっかりとして

図3－7　燻煙器の使用法

上：蓋をあける前に、巣門に軽く煙をかけることにより、蜂群がおとなしくなる。秋にスズメバチが来て、強い警戒モードに入っているときも、この煙により内検がラクになる

下：次に、静かに煙をかけながら蓋をあけ、内検作業に入る

図3－8　蓋をあけたらハイブツールで巣枠を持ち上げやすくしながら内検を行なう

煙が絶えず出るように調整し、必要に応じて燃料の補充をする。火が出るようであったり、やたらに強くハチに直接かけるようでもいけない。

　防護服や手袋で身を包めば「刺されない」と思い、煙に頼らずに内検する人がいるが、これではハチの扱いが雑になる。またこれを「通常の扱い方」としていると蜂群全体も気性が荒くなってしまう。煙を上手につかい、とくに住宅街では蜂群が極力荒くならないように心がける。「ハチ1匹の命を大切に」との思いをもちつつ内検したい。

　また、内検時には巣門の前に立ちつづけると外に出ていたハチが帰りにくくなるので、とくに複数の人で内検する場合など巣箱の横か、後方で観ることを心がけたい。「蜂群の性質は飼い主の性格を反映する」と言い聞かせて丁寧に飼育したい。

内検の項目

内検の目的は蜂群の状況を把握することである。燻煙器を用いながら蓋をあけ、巣枠を手前から順に持ち上げつつ、以下の項目をチェックする。

①産卵状況の確認：卵、幼虫、蛹がそれぞれちゃんといるか、バランスはよいか

②女王蜂の確認：まず産卵を確認。働き蜂との関係はどうか。働き蜂が女王蜂にのしかかっているようであれば分蜂に注意する

③王台の確認：自然王台か変成王台か…71、73ページ参照

④蜜、花粉の量を確認：不足していないか。またふさわしい場所に入っているか。産卵を圧迫していないか…82ページ参照

⑤ダニ、スムシ、その他病気がないか…91ページ参照

⑥巣の配列を見る：産卵圏と貯蜜圏が明確になるように巣枠を並べる

すき間の調節

届いた蜂群のそれぞれの巣枠には、ふつう、隣接する巣枠どうしのすき間を12㎜に調節する輸送用の三角ゴマ（スペーサー）がつけられている（図3－9）。これは輸送の衝撃でハチが騒ぎ、巣内温度が上昇して、ときにはロウでできた巣枠がとける事態が生じ、いわゆる「蒸殺」で蜂群が全滅することを防ぐためである。

　しかし、12㎜という巣板のすき間は育児圏の間隔としては広すぎるため、

図３－９　購入した蜂群の蓋をあけたところ

巣枠が移動しないように釘で固定されている。また、輸送中の衝撃に備えて三角ゴマ（丸囲み）がついている

図３－10　スペーサーがついている巣枠（右）と、それをはずした状態（左）

図３－11　自距装置

通常、スペーサーをはずすとホフマン式、ラングストロース式、ともに8～9mmのビースペースを確保できるような自距装置（円内）がついている。しかし、最近は12mmのスペーサーのみに頼る場合が多いので自距装置をつけていない巣枠まで存在する

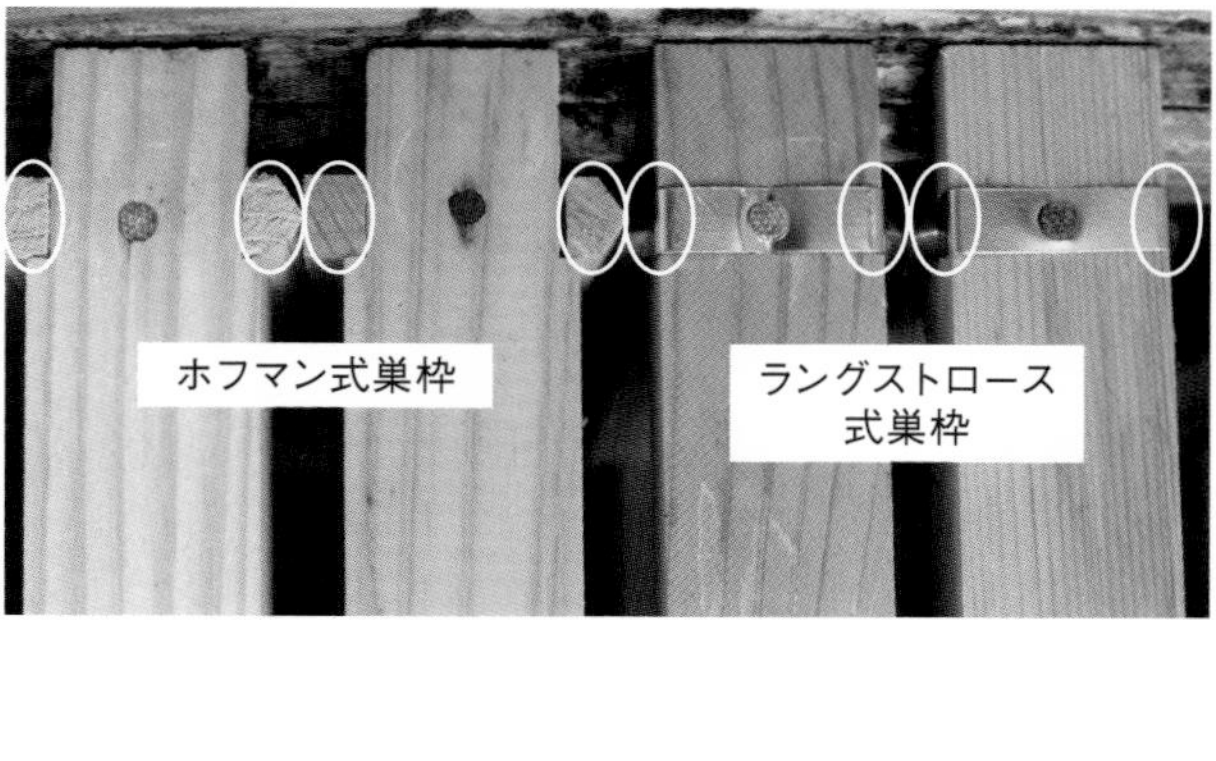

蜂群が到着し落ち着いたら、まず巣枠を固定している釘と、三角ゴマをはずす作業をする（図3－10）。これをはずすと、基本的には巣枠自体についている「自距装置」（図3－11）により、巣板どうしの間隔が自動的に約8mmになる。自距装置がない巣枠では、8mm程度の間隔になるようにメジャーなどで測って調整する。

現在、この三角ゴマをつけたまま飼育する飼育様式がわが国では広がっているが、この間隔は「育児圏」の間隔ではなく、あくまで「貯蜜圏」の間隔である。そのことを忘れてはいけない。

3　春一番の蜂群管理（2年目以降共通）

巣枠を抜いてハチ密度を高める

地方によってさまざまではあるが、4月中・後半からの採蜜を目標とする場合、その約2カ月前から越冬を解除する。すなわち、蜂群に春が来たことを知らせる「春宣言」を行なう。比較的暖かい日を選ぶとよい。

越冬後の蜂群は、まず巣箱の底などにたまったハチの死骸その他のゴミを掃除し、産卵していない巣枠を抜いて、ハチがいっぱいで巣枠の表面が見えなくなるほどに密度を高めるようにする。これには、残った巣枠にハチが集まる性質を利用している。そのため、分割板（図3－12、13）を入れてハチが集まる枠を限ってやるとよい。またこのときの蜂群内の巣枠（巣箱）には貯蜜量が十分にあることも条件になる。蜜が不足するときに備えて蜜巣枠を巣箱の中に残しておくとよい。

巣板と隣の巣板との間隔は8～9mm程度。この時点で産卵が始まっている巣枠を抜くのは難しいが、産卵していない巣枠を抜いてもハチ密度が高まらない場合、卵だけの巣枠があれば、抜いたほうがその後の蜂群成長率が高まることが多い。抜いたあと、放っておいて空の巣枠として使用する（幼虫がいるときでも小さい場合は同様）。私は若い頃から「ハチは混ぜてナンボだぞ！」と教わってきた。

図3－12　巣板どうしの間隔を調整する
両外側の巣枠には蜜がたまりやすいので12mm間隔にして、それ以外の内部は育児圏になるので8～9mm間隔にする（1段箱）

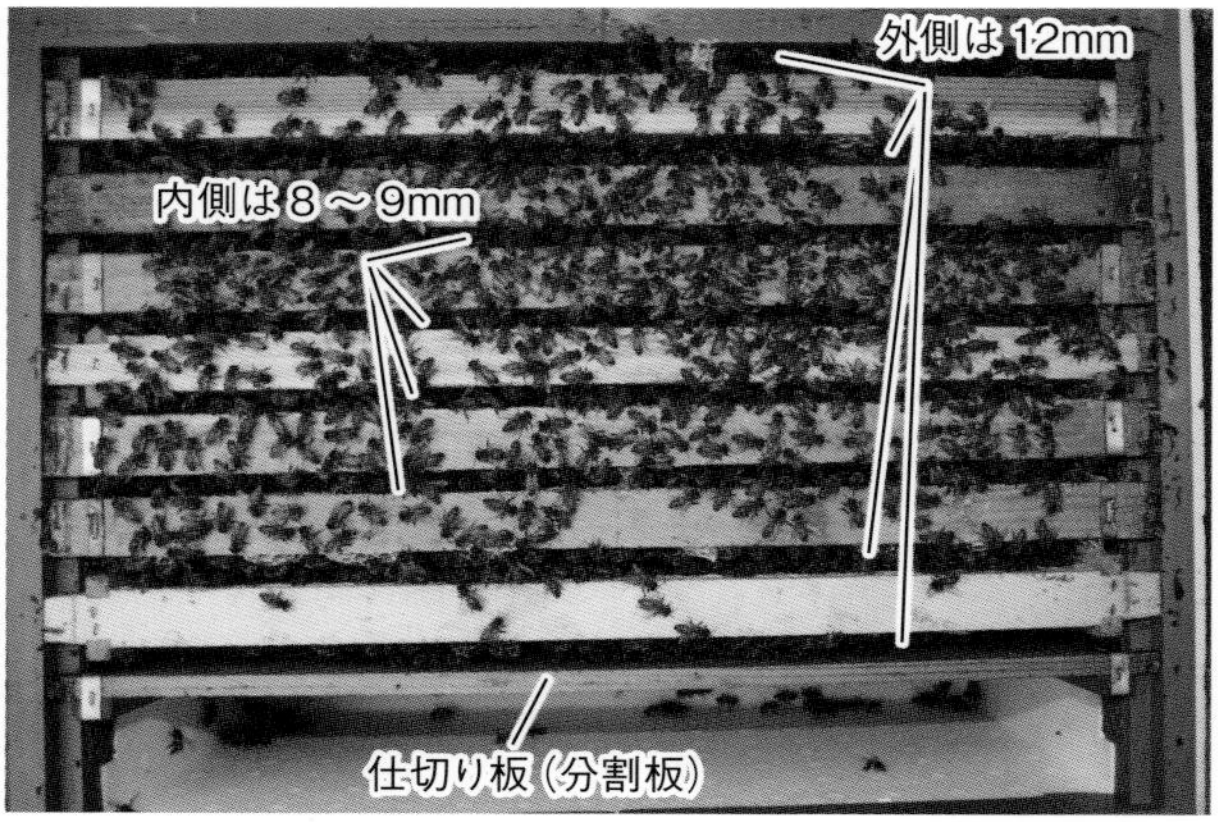

図3－13　分割板（仕切り板）

給餌で越冬群に春宣言をして飼育開始

密度を高め、混ませた蜂群に、1対1程度の低濃度の砂糖液を100mℓ程度、1～3日おきに給餌する（図3－14）。この「春宣言」の給餌は、餌不足時に多量に与える給餌と違い、「健勢給餌」といって、花蜜と同程度の糖液給餌により蜂群に春の到来を伝え、女王蜂の産卵を促す効果がある。

健勢給餌は、約2カ月後の採蜜時期まで継続する。産卵促進と育児補助のため、同時に市販の代用花粉か、滅菌済みの花粉を購入し砂糖液でペースト状にしたものを与えるとよい。

代用花粉は、養蜂業者などで市販もされている。ただし、この時期に外部から花粉や花蜜が多く入る場合は、建

図3－14　健勢給餌
産卵されていない巣枠を抜き、ハチ密度を高め、水で2倍に薄めた砂糖液（50％）を100 ～ 150mℓ給餌する。花粉（代用花粉）の補給もする

図3－15　ハチに水をやる工夫
直接皿などで水を与えると溺死することがある。写真のように、炭にしみ込んだ水を飲ませるようにするとよい

勢給餌を一時中断または中止したり、花粉採集器（ハチが巣門から入るときに花粉が落ちるような仕掛けがついた装置）を用いて花粉を巣箱内に入れすぎないようにする。この処理により、蜂群が一気に活発化し、本格的な産卵、育児に向けて始動する。この時期の蜂群は水を必要とするので、水場の確保も忘れてはいけない（図3－15）。

実例：わが家の春の管理

一例として、私の自宅（埼玉県）での春の管理（2016年）を紹介する。

2月4日：ハチへの春宣言

春宣言をすべく、蓋を開けた。約2カ月後のサクラの花からの採蜜をねらうための春宣言である。

図3－16は4枚群で越冬に入ったも

図3−16　巣枠4枚で越冬し、「春宣言」したときのようす
給餌板と分割板で仕切り、越冬にはその外側にも蜜が入った巣枠を入れておいた蜂群。4枚のうち3、4枚目の巣枠は蜜のみ
下：1枚目をとり出したようす
巣枠の中央部で産卵が始まっていた

の。越冬群の両側、給餌板と分割板の外側に蜜が入っている予備の巣枠を入れて越冬した。餌不足、保温、巣枠の保存を考慮してのことである。4枚の巣枠の状況は、①枚目が産卵のための掃除が巣枠中央付近で始まったところ。②枚目は中央付近に産卵が始まっていた。これらの周辺部は蜜がたまっていた。③④枚目は蜜巣のみで掃除も始まっていなかった。

点検後、ハチ密度を上げるため、産卵していない巣枠を1枚抜き3枚にした（図3―17）。

100～150mlの1対1砂糖液を1～3日おきに給餌し（健勢給餌）、代用花粉も与えた（図3―18）。

コラム 4 ハチ一匹の命を大切に——家畜福祉の観点から

「家畜福祉」

養蜂は畜産に分類されている。近年、家畜に対する「家畜福祉（Animal welfare)」に関する論議、実践が欧米を中心に盛んになっている。イギリスのWebster（1988）が提唱した「5つの自由」が日本にも紹介された（干場信司、1988）。

5つの自由とは「1．飢えと乾きからの自由　2．肉体的苦痛と不快からの自由　3．痛み・苦痛・病気からの自由　4．通常行動の自由　5．恐怖や悲しみからの自由」である。しかし、この概念はミツバチという家畜には必ずしも適応しない。昆虫は苦痛や痛みを感じないとされているし、恐怖や悲しみも感じているようすはないからである。したがって、Ritter（2013）やセルビア養蜂協会連合（SFBA, 2014）によるGBP（Good Bee Practice）などを参考にして、蜂群点検時や蜂群の燻煙器の扱い、衛生管理、採蜜時の管理、盗蜂に対する管理、さらに病害虫対策などを「養蜂における家畜福祉」の観点から検討することは今後の課題である。

ハチにストレスを与えない

採蜜時に蜜巣からハチを払うが、払う器具やその扱いによってはハチにストレスを与える原因にもなる。また、幼虫が存在する巣枠から蜜をとると、遠心力で多くの幼虫が飛び出すことで彼らの命を奪う。ハチミツにも幼虫の体液が入る可能性がある。そう考えると、ハチミツの品質とともに、家畜福祉の立場からも一考の余地がある。

農薬がミツバチとその生産物に与える影響に関しても、家畜福祉だけでなく、農業全体にかかわる食品安全、環境保全、労働安全などの持続可能性を確保するための生産工程管理への取り組みである農業生産工程管理（Good Agricultural Practice: GAP）の観点からの検討も大切である。

ミツバチに感謝する心

わが国では特異的に動物の魂（霊）や命を尊ぶ意識が強く、それが各地に見られる動物の慰霊碑や動物に対する感謝の碑に具現化されている。まずは、「ハチ一匹の命を大切にする意識」をもってミツバチを飼育したい。燻煙器を適切に用いて蜂群を丁寧に扱うことによりおとなしい蜂群が維持できることは、「ハチは危険」との一般概念を軽減させることにもつながる。アルベルト・シュバイツァーの「生命への畏敬」という概念は世界共通である。

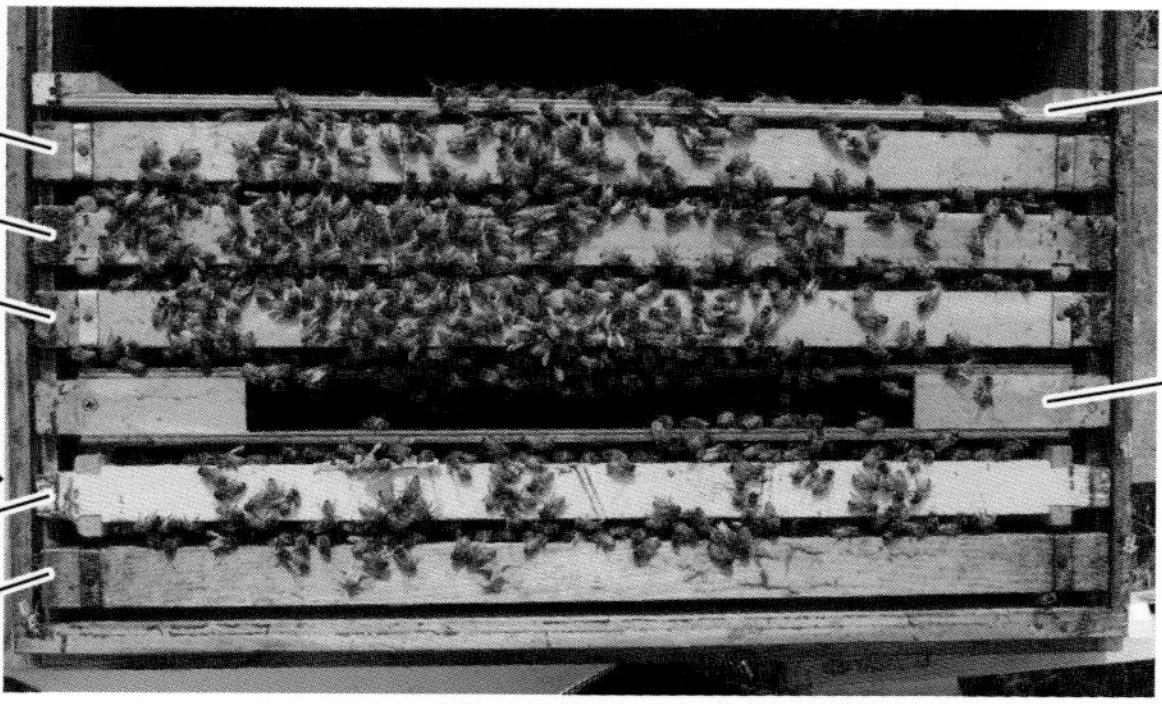

図3－17　ハチ密度を高めるため、手前の④枚目の巣枠を抜き、給餌器の外に置いた

図3－18　代用花粉
花粉を中心に、ハチの育児に必要な成分からなる代用花粉は蜂群維持には欠かせない

2月11日：産卵領域を広げる

少しずつ産卵圏が増え、巣枠の四隅まで達したことを確認した。ただし、巣枠上部や四隅など産卵圏の外側は貯蜜領域になりやすい。そんなときはその部分を少しハイブツールで削ってやる。そうすると、働き蜂は削った部分の蜜をなめ、やがてその部分を掃除して、産卵領域になる。この作業を健勢給餌と同時に繰り返し、産卵領域を徐々に広げた（図3－19）。

2月17日：額面蜂児に近い巣枠ができ始める

産卵圏はさらに広がり、額面蜂児に近い巣枠ができ始めた。

2月28日：ほぼ額面蜂児が完成

春宣言から3週間強の24日目。3枚の額面蜂児がほぼできた。

新しい巣枠を刺すタイミング　この時期はハチが増え始め、新しく「巣枠を刺そう」（巣枠を入れるという養蜂用語）という気持ちになるが、若いハチが出始めるのと同時に、越冬して育児、採餌と働いてきて寿命が尽きる越

図3−19　産卵領域を広げる
2月11日：産卵領域が広がってきた
2月13日：育児圏にできてしまった貯蜜部分をハイブツールで少し削る
2月19日：働き蜂は削った部分の蜜をなめ、やがてその部分は産卵領域になる
2月28日：削った部分が産卵領域となり、額面蜂児になった

冬蜂も出てくるため、この時期は何をおいてもハチ密度を高めることに集中する。「春宣言から1カ月程度は巣を刺さない」と覚えておくといい。

焦ってこの時期に巣を刺してハチ密度を下げてしまうと、寒波がきたとき巣内では蜂球をつくって中央付近にかたまるため、周辺部が冷やされ、せっかく育てた幼虫、蛹が死んでしまうことがある（図3−20）。産卵を維持するためにはハチ密度を高め、暖かく保つことが大切である。

巣枠を挿入する　春宣言から約1カ月後、図3−21のように産卵圏を仕切っている分割板や給餌器の外に置い

図3－20　寒さで死んで外に出された蜂児（3月12日）
写真提供：谷口俊郎氏

図3－21　巣枠の挿入の手順
上：春宣言開始から3～4週間は巣枠を足さず、隣接する両サイドに分割板を挟んで予備の巣枠を入れるだけにする
下：分割板の外に置いた⑤巣枠に産卵があったため、営巣群内に移動し4枚群とした。この時期は最外部か、2枚目に挿入する

た空の巣枠に産卵が始まる頃に、その産卵が始まった巣枠を中に挿入する。産卵から1カ月という時期は、若いハチの羽化が始まって1週間ほどたった頃で、越冬蜂は寿命を迎え、若いハチが増え始める。このため、ハチ密度は高く保たれている。

挿入位置は営巣群内の最外部か、巣板が数枚になってきたら外部から2枚目に入れるのが通常である。その際に、新しい空巣を分割板の外部の元の位置に挿入する。そうすると、その新しい空巣は働き蜂が掃除を開始し、巣枠も暖まり産卵に適した巣枠となる。

なお、春の健勢の時期に全体の真ん中に蜜枠を挿入することはやってはいけない。この時期はハチ密度を高めることが大切だが、蜂群を2分割してしまうと、蜂群内部を冷やしてしまうことになる。いきなり蜜枠が真ん中に入ることは自然界ではあり得ないことで、ハチの生態に則していないことになる。蜂群内では餌は口移しで迅速に全体に行き渡るので、わざわざ蜜枠を真ん中に入れる必要はない。

額面蜂児づくり　この頃は新しい働き蜂が増えてくるため、刺した巣枠に十分な産卵があれば、徐々に巣枠を加え、「額面蜂児」を増やしていく。次第に周囲の花（ナタネ、ウメなど）が咲き、蜜が入ってくるが、あくまでも育児圏では蜜部分を削り、額面蜂児づくりに励む。

蜜は、間隔を12㎜程度に広げてある外側の巣枠（単箱飼育では一部育児もなされるが）にたまる。その内側の、巣板間隔8㎜の育児圏にたまる蜜部分はハイブツールで軽く削り、掃除・産卵を促す。産卵の前に巣の掃除をするミツバチの性質を利用して、産卵させたい巣枠やその一部を掃除させるのである。こうして新たに入れる巣枠は、すべて額面蜂児を目指すが、分割板の外には蜜巣枠を確保し、必要に応じていつでも蜂が蜜を調達できるようにしておく。

3月22日：巣枠が8枚に増えたら2段群に

2段群にする手順　巣枠が増えて8枚程度（図3－22）になったら、まだハチがそれほど増えていないうちに2段群にする。ハチが増えて満杯になると分蜂の管理が困難になるからだ。

2段群の下段は育児専用、仕切り板となる「隔王板」を挟んで上段は貯蜜

図3－22　1段群を2段群にするタイミング
巣枠が増えて8枚程度になったら2段群にする

図3－23　2段群にする手順
まず、下段の巣板間を育児圏の8～9mmに調整する。そして蜜がたまりやすい両側の巣枠と貯蜜用の空の巣枠1～2枚（ハチの混み具合を見て増減する）を上段（継箱）に移し、隔王板を挟んで上段は3～4枚、下段には空巣もしくは巣枠を2枚足して8枚程度にする。この時の上段の巣板間隔は貯蜜圏の12mmに統一する。最終的には上段8枚、下段10枚にする。上段の巣板間隔は蜜がたまって巣が盛り上がってきたら少し広げて最終的には15mm程度にするとよい

専用にする（図3－23）。群勢を大きく保ち、ハチミツがたくさんとれる有能な採蜜群に仕上げるには、下段での女王蜂の産卵領域を十分に確保することが大切である。

8枚群から2段群にする際には、両脇の貯蜜が多い部分2枚を上段に上げ、空の巣枠1～2枚を上段に追加して貯蜜圏とする。下段の両側にあった巣枠には育児圏も多少あるが、それはそのまま上段に上げ、羽化するのを待てばよい。将来的に貯蜜用になる巣枠は、あまり産卵させていないきれいな巣枠を選んでおくとよい。

上段は必ず貯蜜圏に　ここで強調しておきたいことは、隔王板を上段と下段の間に挟み、上段では産卵させず、貯蜜圏とすることである（図3－24）。

図3－24　上段（継箱）から見た内部のようす
下の箱との間に隔王板（柵のようなもの）が見える（矢印）

巣板どうしの間隔は下段の育児圏には抜いた巣枠を空巣などで補充し、8mm程度で10枚、上段の貯蜜圏は12mm程度で8～9枚にして、間が空きすぎていたら適宜分割板を入れておく。上段で蜜がたまってきて巣を盛り上げ、熟成して蜜蓋がかかりそうになる頃を見計らって分割板を抜き、巣板どうしの間隔を15mm程度に広げると、蓋がかかりにくく糖度がしっかりとした蜜をとることができる。巣枠どうしの間隔はメジャーでその都度測ってもいいが、慣れてきたら目分量でも構わない。

「掃除蜜」のタイミング　若い採餌蜂（外勤蜂）が多くでき、周囲の蜜源植物が咲き始め、ハチたちは花蜜を集め始める。この時期の本格的な採蜜が始まる前に蜜を巣箱から抜いておく作業のことを「掃除蜜」と呼ぶ。流蜜期が始まる最初の作業である。前年の秋～春にかけて給餌した糖分や、ダニ剤などの薬品が混ざっている可能性がある蜜を巣箱から抜く。ただし、掃除蜜をしてから流蜜期が始まるまでに間が空きすぎると、周囲から蜜が入らない場合、蜂群が生存できなくなるおそれがあるので注意する。

4月14日：2段群が完成し バランスもよし

次第にハチも増えて下段にはハチがあふれ、卵、幼虫、蛹、内勤蜂、外勤蜂がつねにバランスよく生産されるようになる。さらに上段に蜜がたまった時点で、この蜂群は採蜜群となる（図3－25）。

コラム 5 巣板間隔の実験

ミツバチの飼育は、その生態を知り（ハチに聞き）、ハチの行動に合わせるとずっと合理的になる。

何度もいったとおり、ミツバチは自然状態では巣の上部と両側に蜜を貯める性質があるので、単箱の場合、巣箱の両外側の巣板は貯蜜圏の間隔（12㎜程度）に、中央は育児圏の間隔（8〜9㎜）にする。

これをあえて変えてみたらどうか、実験したことがある。

たとえばすべての巣板を貯蜜圏の12㎜間隔にすると、巣板をまたいだり、巣板の上桟だったりに無駄に産卵したり、図3－26のように、産卵している巣板でも上の部分を盛り上げて貯蜜圏

図3－25　採蜜群の完成！

上：上段の巣板間隔は 12mm 程度。さらに巣が盛り上がって厚くなったら 15mm 程度にするとよい

下：下段のようす

下段は育児専用で、巣枠が 10 枚入る

にしたりする。そして一度盛り上がった部分は、産卵圏として用いられにくくなる。

　ためしに間隔を30～40㎜と極端に広げると、枠の上部分はさらに大きく盛り上がり、蜜でいっぱいになるがそこだけで、下の育児圏が盛り上がることはない（蜜はたまらない）。

　逆に、巣板間隔を8㎜にして育児圏にしようとしても、実際にはハチは巣枠上部に蜜をためやすい。そんなときは、蜜の部分をハイブツールなどで薄く削ってやる（53ページ図3－19参照）。こうするとハチはその部分を掃除し、産卵を始める。産卵する前に巣房を掃除するハチの習性を利用して、産卵を促すのだ。こうして、8㎜間隔の育児領域では隅から隅まで産卵する額面蜂児を目指すことができる。

　この、強制的に掃除をさせ、その部分に産卵を促す技術は、以前からの自分の経験によるもので、客観的な検証があるわけではない。しかし複数の養蜂家にお勧めしたところ、「ホントに角（隅）まで産卵する！」と言ってくださっている。

図3－26　巣板の間隔と育児圏・貯蜜圏
上：巣板間隔をすべて12mm（貯蜜圏の間隔）で飼育すると、巣板の上部（囲み）が盛り上がってしまった
中：巣板間隔を40mm以上にして飼育したところ、巣板上部が大きく盛り上がり、貯蜜圏になってしまった
下：上部が貯蜜圏として盛り上がり、下に産卵領域ができた
写真提供：ともに小島直樹氏（安田学園）

4 春～秋　採蜜期の管理（1年目、2年目以降共通）

採蜜群の完成

「春宣言」の健勢給餌で産卵が本格的になってから3週間で卵は幼虫から成虫に羽化し、それからの3週間は内勤蜂として働き、卵から6週間で外勤蜂になる。さらに2週間経過する頃には、働き蜂の卵、幼虫、蛹、内勤蜂、外勤蜂がつねに新しく生産されるサイクルが完成する。このようになれば、女王蜂の健康、蜂群全体の健康も維持され、採蜜群としての条件を満足する。流蜜期には最大限の集蜜能力を発揮する。

一方、採蜜群が完成する時期は、同時に巣箱内では分蜂の時期でもある。女王蜂がオス蜂卵を産卵する頃から、分蜂の準備が始まる。

採蜜場所の確保と衛生管理

流蜜期、もしくは目的とする蜜源植物が開花する2カ月前に春宣言を開始し、流蜜に備える。

この時期を迎えるにあたり大切な準備として、採蜜する場所の確認が必要である。専業の養蜂家は、採蜜場所を確保するためにさまざまな工夫を行なっている。移動養蜂で無理な場合はともかく、採蜜は基本的に隔離された場所で、採蜜中にハチだけでなく、ハエやアリその他粉塵が入らない場所を用意する。できれば室内を用意すべきである（図3－27）。瓶詰め時に衛生管理に注意を払うのは当然として、採蜜のときから十分な管理を行なう。

蜜を搾るのは早朝

蜜源植物に訪花したミツバチは、蜜胃に花蜜を貯め込んで巣に戻り、口移しで他のハチに渡しながら、消化酵素の働きでショ糖をブドウ糖と果糖に分解していく（図3－28）。花蜜は花によって異なるが、糖分が20～50％、中にはそれ以上の糖分を分泌する植物もある。

ミツバチは花蜜を巣房の上部に置き、翅でおこす旋風などで水分を蒸発させる。外部の湿度にもよるが、80％前後の糖度（18～19％程度の水分）に濃縮する。その日に集めた花蜜は、夜間に旋風で蒸発させる。巣門付近は、旋風時の強い音が聞こえる。朝方、巣箱の蓋をあけると一晩中の水分蒸発作業で、蓋から水が垂れてくることもある。

採蜜は朝、多くの採餌蜂が低濃度の花蜜を巣に持ち込む前（図3－29）に、蜜巣枠を取り出して採蜜場所に運び、分離器にかける。採蜜場所は、できれば養蜂場とは別の場所に設けておくと衛生管理面でもよい。

図3－27　なるべく室内で採蜜する
左のタンクが分離器
たかだ養蜂場で撮影

図3－28　蜜を受けとっているようす
左のハチが受けとっている

糖度78～80％の採蜜を目指す

巣箱内で熟成したハチミツには、巣房に蓋がかけられる（蜜蓋）。最低3分の1以上の巣房に蓋がかけられた蜜巣枠から分離器にかけることを心がけ、水分21％以下の採蜜を目指す（図3－30）。

糖度が低いハチミツは保存が困難で、そのままだとアルコール発酵が始まる。一方、ハチミツの濃度は外部湿度の影響が大きく、本州以南では、梅雨期以降の夏の高温多湿の時期に流蜜があるときは、糖度は上がりにくくなる。梅雨期など、湿度の高いときの採蜜は、貯蜜圏の巣枠間隔を少し狭めたほうが濃度が上がるとの報告もある。

採蜜群として、強勢群（ハチ密度が高い）をつくることは花蜜濃縮の際に

図3－29　採蜜は夜明け前から準備する

ハチが外から蜜を運んでくる前に採蜜を終えることを心がける

モンゴル・ミハチ養蜂場で撮影（2017年7月17日午前5:35）

図3－30　水分21%以下のハチミツを目指す

手持ち屈折計でモンゴル産のハチミツを測定すると水分は15%。乾燥地帯のハチミツは糖度が高い

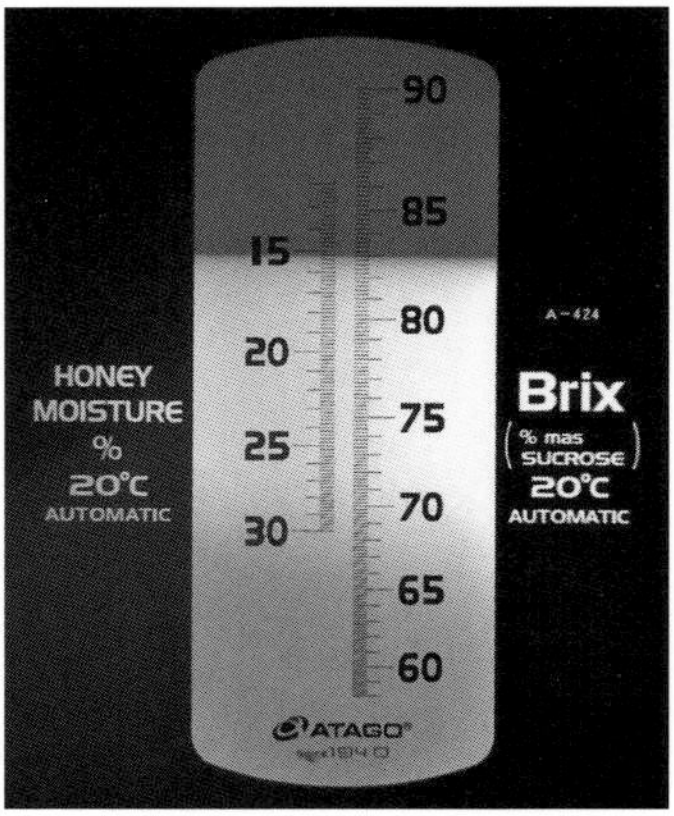

も必須で、短時間で高濃度にすることができる。

※販売する場合の目安と注意

ハチミツを販売する場合、「はちみつ類の表示に関する公正競争規約及び施行規則（2019.05）」に従って採蜜する必要がある。巣箱から巣枠を取り出す前、もしくは分離器にかける前に蜜を少しすくい取り、水分（%）と糖度（Brix：%）を同時に測定できる屈折計（たとえばATAGO MASTER-HONEY/BX）などを用いて濃度を確認したい。

この規約によると、蜂蜜の水分は「（於20℃）20%以下、ただし第4条第1項第3号に規定する国産はちみつにあっては、22%以下とする。」となっている。ただし、22%の蜂蜜は発酵する恐れもあるので、より水分の低い蜂蜜を目指す。

また、1歳未満の赤ちゃんはハチミツを食べると乳児ボツリヌス症にかかるおそれがある。「1歳未満の乳児には与えないで下さい。」という情報を消費者がわかるように表示すること。

必ず「貯蜜圏」からとる

2段箱の下段を育児専用、上段を貯

蜜専用とすることはすでに述べたが、ハチミツをとるときは貯蜜専用の巣枠のみを分離器にかけるようにする。ちなみに、飼育してまもない「1段箱」の貯蜜圏は、両外側部の巣枠が貯蜜圏となる。

育児枠にハチミツがある場合に分離器にかけることもあるが、分離するときに幼虫、蛹も一緒に飛び出し、ときには潰れた幼虫の体液もハチミツに混ざる。また、飛び出してしまった蜂児は死ぬため、群勢維持の面でも、命を大切にすべき面でも、また衛生管理上からも貯蜜専用の巣枠のみから採蜜すべきである。

一方、育児圏では額面蜂児を目指し、最外側部以外の巣枠で蜜が入っている部分は前述のようにハイブツールで軽く削り掃除をさせて産卵を促す。そうすると、上部の貯蜜圏に蜜が集中する。

ハチブラシを利用する

蜜巣枠を取り出す際にはハチブラシを用いてハチを払い（図3－31）、輸送用に準備した空の巣箱に入れて採蜜場所まで運搬する。ハチブラシを用いる代わりに、動力を用いたハチ払い器（図3－32）も販売されている。動力のハチ払い器は、専業養蜂家ではかなり省力化できる。

脱蜂板の利用

小規模養蜂ではふつうハチブラシを用いるが、「脱蜂板」の使用も捨てがたい。脱蜂板とは、ハチが一方通行に

図3－31　ハチブラシを用いて巣枠からハチを払っているようす
写真提供：中村純氏

なるような装置（脱蜂器、図３―33）が取り付けられている板のことで、蜜巣枠が入っている箱の下に設置すれば、ハチが下方に一方通行になる。脱蜂板を仕掛ける時間帯は、当然早朝である。

図３－32　ハチ払い器
春日養蜂場で撮影

設置して半日か翌日にはハチが下の箱（育児圏）に降りて、蜜巣枠の部分にはハチがほとんどいなくなる。ハチに余分なストレスを与えずにハチミツが搾れる。

なお、このときハチが新たに蜜を貯めることができるように、空の巣枠を数枚巣箱（上段の箱、継箱）に入れ蜜巣枠と交換しておけば、採蜜後の巣枠を元群に急いで返す必要がない。好きなときに蜜巣枠も分離器にかけられる。

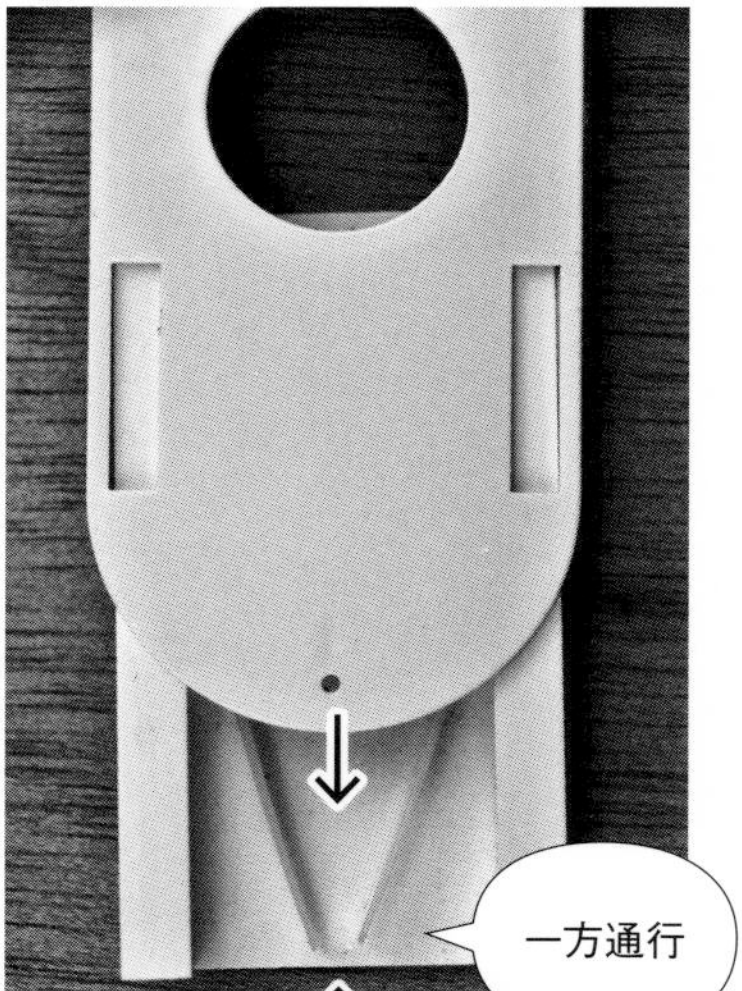

図３－33　脱蜂器
ハチが一方通行になるような仕掛け（弁）がついている
※写真は仕掛けを見やすくするためにカバーを少しずらしてある

脱蜂板は内蓋にもなる

脱蜂板から脱蜂器をはずした板は、よくつかわれている巣枠上桟部分に置く麻布の代わりの内蓋にもなる。よくつかわれているのは麻布だが、脱蜂板をつかうと、上桟部分に無駄巣などがつくられず、きれいな巣枠を維持しつつ、ハチも上桟と内蓋の間を通路と

図3－34　内蓋とビースペース
左：脱蜂板は脱蜂器をはずすと内蓋として麻布（右）の代わりに使用することができる
そうすると巣の上桟部に無駄巣をつくらず、内検の際に点検しやすくなる。上桟と内蓋の間に7mm 程度の間隔（ビースペース）があるため、ハチは空間・通路として用い、巣枠間の移動もラクになる

して利用できる（図3－34）。巣枠の上桟から7mm程度のすき間、ビースペースが確保されているからである。

また、隔王板は換気もできるので、暑さ対策にもなる。

ハチミツの分離の仕方

採蜜場に運ばれた巣枠は、遠心力を利用した分離器を回転させて巣枠から蜜を抜く。

採蜜場では蜜蓋がかかっている部分を蜜刀（図3－35、家庭用の包丁でも代用可）で剥がし、分離器に入れる。分離器にかけ最初から勢いよく回すと、巣が壊れてしまうことがある。最初はゆっくり片面の蜜を少しだけとり、次に巣枠を反転させて反対の片面もゆっくりと回転させる。次第に回転力を上げ、巣が壊れない程度にして、もう一度最初の片面の蜜を抜くように反転すると巣枠が壊れにくい。

いろいろなタイプの分離器が出回り、電動式で回転数や巣の反転を自動で行なう便利なものもあるが、小規模な養蜂家は小型の分離器で十分である。とれた蜜は、蜜こし器を用いて保存容器に入れる（図3－36）。

図3－35　蜜刀を用いて蜜蓋を切る
たかだ養蜂場で撮影

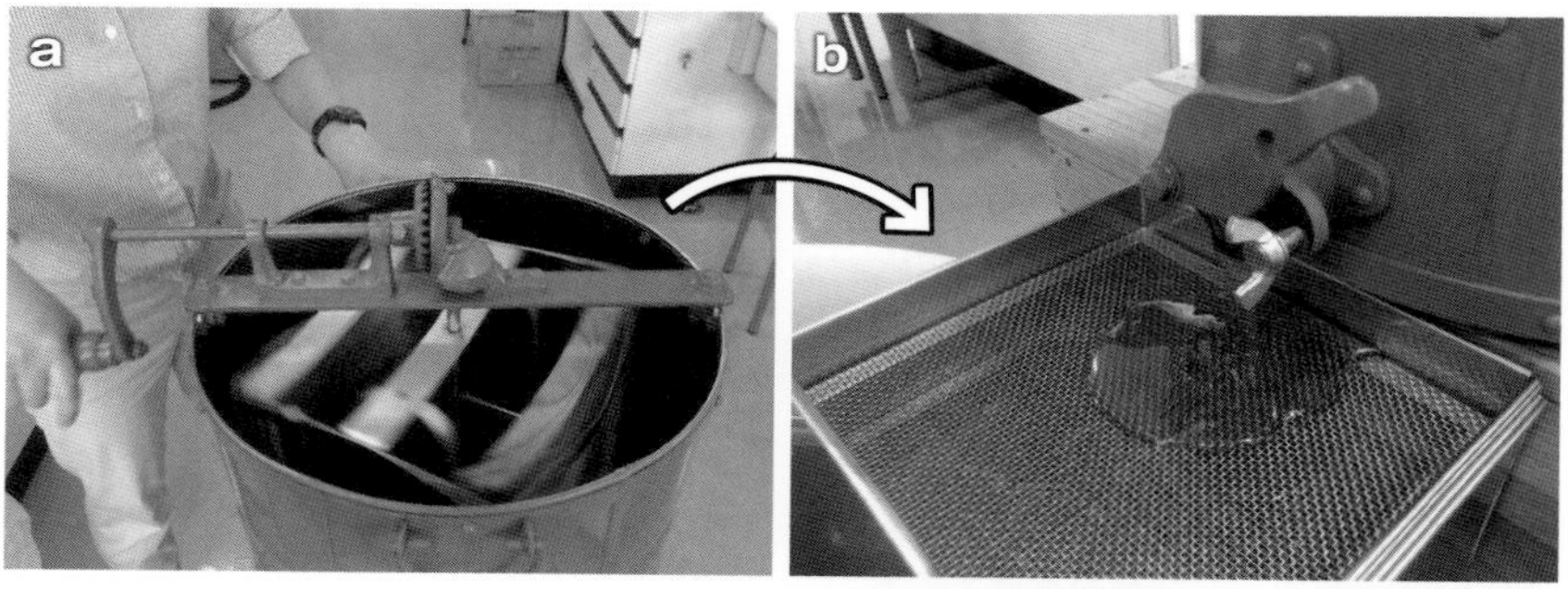

図3－36　採蜜
a　分離器
b　蜜こし器で巣の破片などを漉し取り、保存容器に入れる
c　蜜こし器

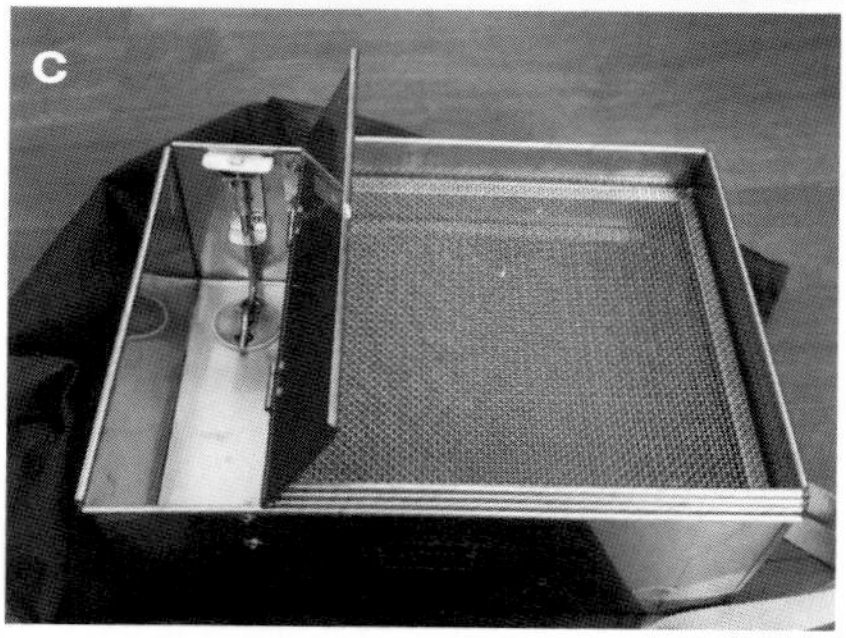

5 分蜂管理

流蜜期（4月半ばから6月頃）が始まるとまもなく分蜂という現象がおきる。分蜂とは、巣箱内の総勢の3分の2程度のハチたちが、女王蜂とともに新居を求めて巣箱から出て行ってしまうこと。採蜜群を強勢に維持する上で分蜂は最大の障害となる。

分蜂の兆しが見え始めると蜂群の活動が鈍り、採餌活動も低下する。また分蜂後の母群は、採蜜群としての勢力が激減する。分蜂した群を回収できたとしても、採蜜群としては勢力不足である。分蜂を回避することは難しいが、流蜜期は分蜂させずに採蜜群を維持できるようコントロールしたい。

以下、分蜂にかかわる巣箱内のハチの動きを確認しておく（参照文献T. D. Seeley『Honeybee Democracy』邦訳『ミツバチの会議』築地書館、2013年）。

分蜂の準備

分蜂は、最初ハチが巣箱近くにある木の枝などに蜂球となって集まり、そこで数日間、探索蜂が定住場所を調査し、営巣場所が見つかったらふたたび移動する。一般的にはハチが大騒ぎしているかのように見えるが、このときは刺す行動はあまりない。

分蜂の準備は、成虫、蜂児、蜜源植物の増加に伴い開始されるが、その決定に至るプロセスに関しては現在も明らかになっていない。

巣箱内の女王蜂・働き蜂の動き

分蜂の準備はまず10個以上の王椀ができ、そこに女王蜂が産卵することから始まる。

王椀から王台に成長するのに伴い、女王蜂に産卵数の減少や腹部縮小などの変化がおこる。この頃、働き蜂が女王蜂を前足で押さえ、揺さぶる行為が頻繁に見られる。このため女王蜂は産卵できずに巣内を動き回るようになる。運動量が増え、同時に餌の量も減らされるので体重が25％程度減少し、飛行に適した体型になる。

一方で、働き蜂は蜜胃に35～55mgの蜜を貯め、体重が50％増加。ロウを生産し、腹部から見えるほどになる。また働き蜂は無気力になり、多くは巣枠にぶら下がるだけで労働を中止する。巣門の入り口に大きな蜂球をつくり、ぶら下がるときがあるが、分蜂の準備が巣箱内で着々と進んでいると考えてもよい。

分蜂開始

この間、探索蜂は活発に動き、分蜂場所を調査しつづける。やがて王台の中にいる新女王蜂が蛹になり蓋がされると、気候条件が晴れで穏やかであれば分蜂開始の合図を発信し、およそ3分の2の働き蜂が女王蜂とともに巣箱近くの木の枝に集まり、ぶら下がる。働き蜂は飛び立つ前に、飛翔筋を震わせて体温を35℃にウォーミングアップする。

木の枝などに集まった分蜂群は数日間ぶら下がったまま、最終的な住居をめぐって探索蜂による調査が継続される。

分蜂群の外側は内部に比べて温度が低いが、最終居住場所に移動するとき、飛び立つ1時間ほど前にウォーミングアップすることで、ほぼすべてが体温35℃になって飛行が可能になる。

王台除去をこまめに行なう

以上、分蜂についての知識を簡単に確認したが、分蜂がおこるとせっかくできた採蜜群の勢力が弱まるため、王台除去などの分蜂管理はこまめに行なう。通常の飼育では、育児圏での女王蜂の産卵場所をつねに確保することも大切である。育児圏である下段の巣枠が巣箱いっぱいの10枚になり、育児サイクルが順調ならどこかに産卵する場所はある。あるいは、巣礎枠を与えて新巣をつくらせるなど仕事を多く与えてやると、コロニーの性質にもよるが、いくぶんかは分蜂を制御できる。

蜂群が大きく成長すると王台がつくられるのが当然で、それを放っておくと分蜂は必ずおこる。このときの分蜂の気運が高まることを「分蜂熱」と呼ぶ。

分蜂群の捕獲・収納の手順

分蜂群は、探索蜂が永住場所を探し求め、情報を伝えて意見が一致すると、永住場所に飛び立つ。いったん集まった時点で発見し捕獲しなければ、数日のうちには永住場所に移住してしまう。

木の枝にとまった蜂球（図3－37）を捕獲する場合、枝が複雑に絡むと袋などをかぶせにくいので、あらかじめ邪魔な枝を切り、扱いやすいようにする。このときの蜂群はお腹に蜜をたっぷり含んでいて攻撃力が少なく、滅多に刺されることはないが、油断は禁物である。

分蜂群は、捕虫網の袋部分を蜂球の下からかぶせ、枝を強く揺すると全体が中に落ち込む。それをあらかじめ用意しておいた巣箱に収める。女王蜂を巣箱に収めると、働き蜂たちは巣門の前で腹部を持ち上げて、背板にあるナサノフ腺から仲間のハチを集めるフェロモンを出す（図3－38）。これにより、仲間のハチは一斉に巣箱に集まってくる。やがて枝にはハチはほんの少しだけになり、捕獲が成功する。巣箱に集まる気配がないときには女王蜂が入っていないので、入るまで蜂球からハチを袋の中にふるい落とし、巣箱に入れる作業を繰り返す。

図3－37　分蜂群の大きな塊（2つ）

図3－38　お尻を持ち上げ、ナサノフ腺を分泌して仲間を呼び集めている働き蜂

受け入れる巣箱には分蜂群の若干の空巣と新しい巣枠（87ページを参照）を給餌器に入れた砂糖液とともに入れておくと、一気にロウを分泌して巣を盛り上げ、産卵が始まり営巣活動がスタートする。空巣と巣礎枠を入れる量は分蜂群により調整する必要がある。すべてのハチが巣板に収まる程度の枚数を判断して用意する。

女王蜂の翅を切って分蜂を防ぐ

分蜂を防ぐために女王蜂の翅を切ることがある。切るときは、片方の前後の翅2枚を、一度に約半分の長さに切り落とす。左右両方の翅を切り落とすとバランスが取れて飛んでしまうことがあるため、必ず片方だけを切り取る。

飛べない女王蜂は分蜂のときには巣箱のすぐ近くにしか出ることができず、そこで分蜂群の塊になっている。たとえ分蜂しても扱いやすい。右の翅の切断を「偶数年」、左を「奇数年」と決めておくと、女王蜂の年齢がわかりやすくなる。

「女王蜂の翅を切るのはかわいそう」と思う人もいるが、昆虫は痛みを感じる神経がないと思われ、翅切りの前後に女王蜂の行動に影響を与えることはない（51ページを参照）。むしろときに近隣の人々を騒がせる分蜂を管理しやすい状態にするための「翅切り」はあってもよいと思われる。

なお、ニュージーランドの有機農法の規定では女王蜂の翅を切ることは家畜福祉の立場からであろうか、認められていない。

6 人工分蜂（巣の分割）のテクニック

分蜂熱を収めつつ蜂群を分割する

すでに述べたように、4月半ばから6月にかけての分蜂シーズンになると王椀に産卵され、王台として女王蜂の幼虫が育てられ、蛹になる前に王台に蓋がかけられると、やがて分蜂（自然分蜂）がおこる（図3－39）。

しかしその前に人の手で蜂群を分割して小さな蜂群に分けることができる。

これを「人工分蜂」と呼ぶ。

また、分蜂熱をおこしている蜂群の女王蜂を、交尾したての若い女王蜂と交換して、分蜂熱を収めることもできる。ただし、女王交換はあらかじめ王台を撤去しておく必要があり、女王蜂の導入の技術の習得が必須である。

蜂群分割の４パターン

人工分蜂を「蜂群の分割技術（あるいは増群技術）」として次の4とおりにパターン分けできる（図3－40）。

その1 …分蜂熱を利用して分割、新女王蜂は自然王台から得る

図3－39　分蜂の前兆
上：王椀
分蜂の兆しが蜂群内に出ると、働き蜂はお椀を逆さにしたような形の王椀を巣の周辺部のあちこちにつくり、そこに受精卵が産みつけられる。育児担当の働き蜂は、卵がふ化すると王椀にローヤルゼリーを分泌し、これを幼虫が食べて成長し、やがて王台（下）として女王蜂が羽化する巣房となる
下：自然王台
王椀に産みつけられた卵から育ち、蛹になる前に蓋がかけられている状態

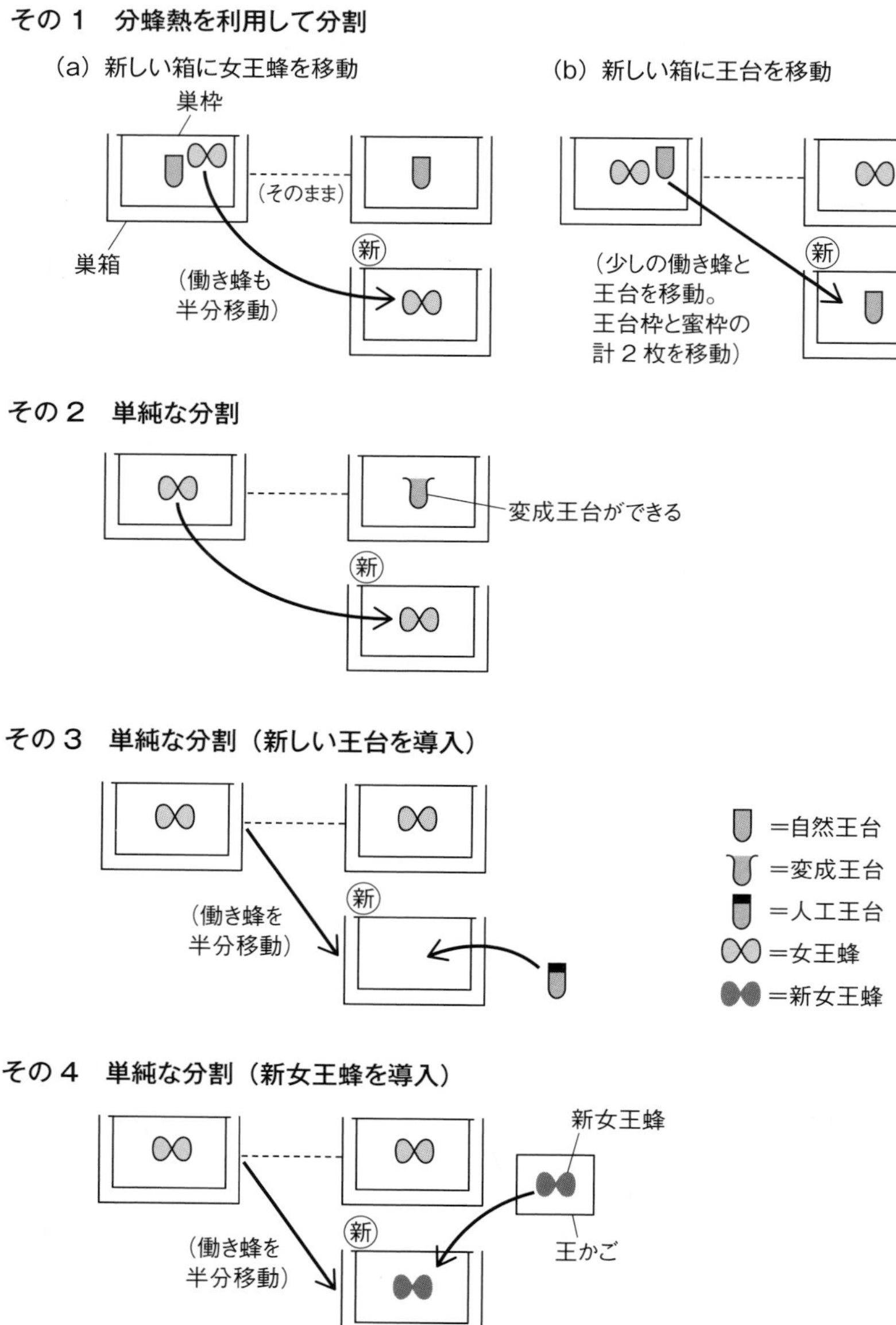
その１　分蜂熱を利用して分割
(a) 新しい箱に女王蜂を移動
巣枠
(そのまま)
巣箱
(働き蜂も
半分移動)
新
(b) 新しい箱に王台を移動
(少しの働き蜂と
王台を移動。
王台枠と蜜枠の
計２枚を移動)
新
その２　単純な分割
変成王台ができる
新
その３　単純な分割（新しい王台を導入）
(働き蜂を
半分移動)
新
＝自然王台
＝変成王台
＝人工王台
＝女王蜂
＝新女王蜂
その４　単純な分割（新女王蜂を導入）
新女王蜂
王かご
(働き蜂を
半分移動)
新

図３－40　蜂群分割の４パターン

（a）自然王台を元群に残し、旧女王蜂を数枚の巣枠とともに新しい巣箱に移動する（オーソドックスな人工分蜂）

（b）旧女王蜂は元群に残して、現在つくられている自然王台を2枚の巣枠とともに移動する。（a）の変法で、ここでできた新女王蜂を元群の旧女王蜂と交換することで、元群の分蜂熱を抑えることも可能である。

流蜜期は同時に蜂群の繁殖期でもあり、通常は自然王台が複数できる。しかし、自然分蜂は採蜜群としての勢力を保つためには障害になる。そのため、上記のやり方で自然分蜂の際の捕獲・回収の手間や、紛失などの事態を避けることはできる。

勢力を残しながら女王蜂を交代するためには、（b）を採用するとよい。できた新女王蜂と元群の旧女王蜂を交代させると、元群の採蜜群としての勢力をある程度継続できるからだ。一方（a）は、元群ではその後にできた自然王台から新女王蜂ができるが、交尾を待つなどのタイムロスがあり、採蜜群として維持することが困難である。

その2　…単純な分割。旧女王蜂群と無女王蜂群に均等に分けることが多い。無女王蜂群は、おもにその後できる「変成王台」（図3－41）から新女王蜂を得る

変成王台（15ページ参照）から生まれる女王蜂は小型で歓迎されない感もあるが、実際には大きさもさほど変わらず、十分に使用に耐えることが多い。女王蜂の「大きさ」と「能力」は関係ないようだ。またこの方法は、手間も

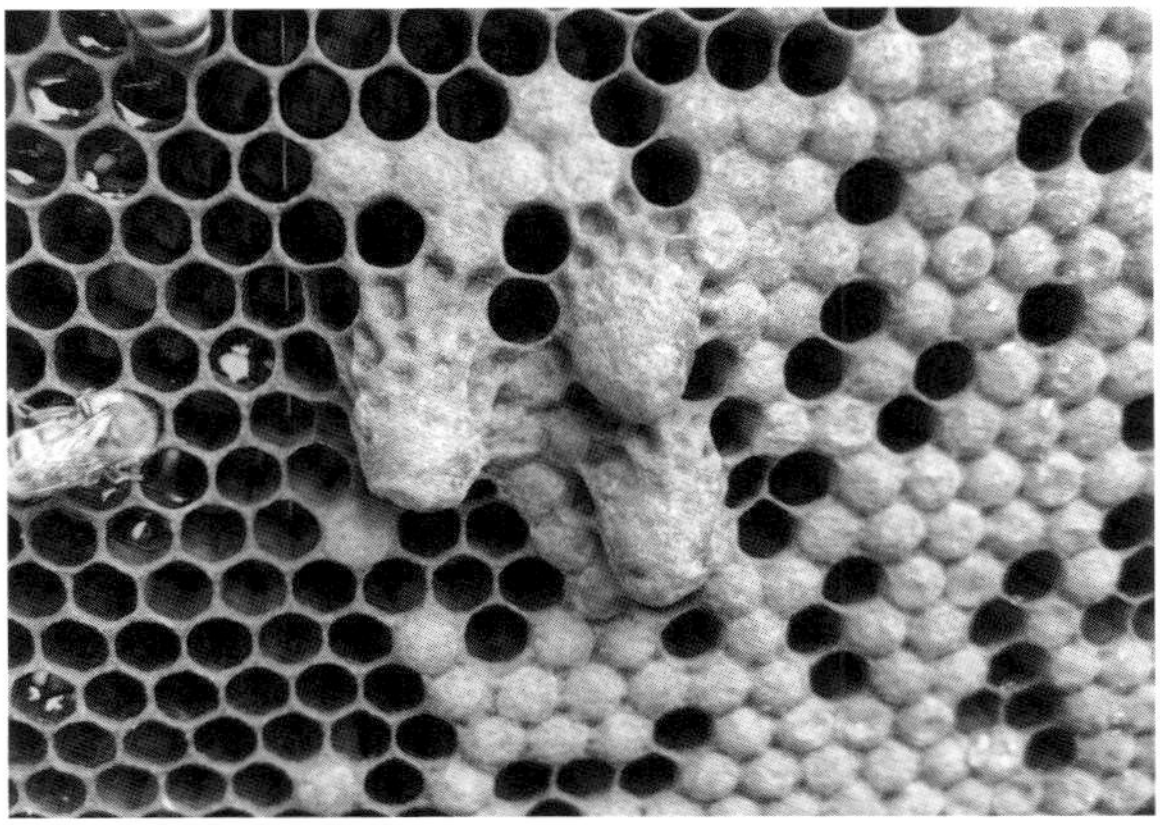

図3－41　変成王台
女王蜂がいなくなった場合、ふ化後3日以内の働き蜂幼虫があれば、それを急遽王台につくりかえて女王蜂を育てる。自然王台は巣枠の周辺部につくられるが、変成王台は働き蜂の巣房に産みつけられたものからつくりかえるため、巣枠の中央につくられることが多い

かからないので多くの養蜂家が採用している。

その3　…単純な分割。新女王蜂は人工王台（図3－42）で別途養成しておき、羽化前の王台を導入するややレベルが高いやり方。「新女王蜂の人工養成」（78ページ参照）を応用した方法で、その1、その2の改良法といえる。変成王台よりも優秀な女王蜂が得られることが期待でき、採用可能な時期も広い。さらに「交尾箱」（女王蜂を交尾させるための箱）を用いて、新女王蜂を別途用意しておくことも可能である。

王台の移動時は、王台に傷をつけないように細心の注意を払う。とくに自然王台や変成王台を移動する際は、ナ

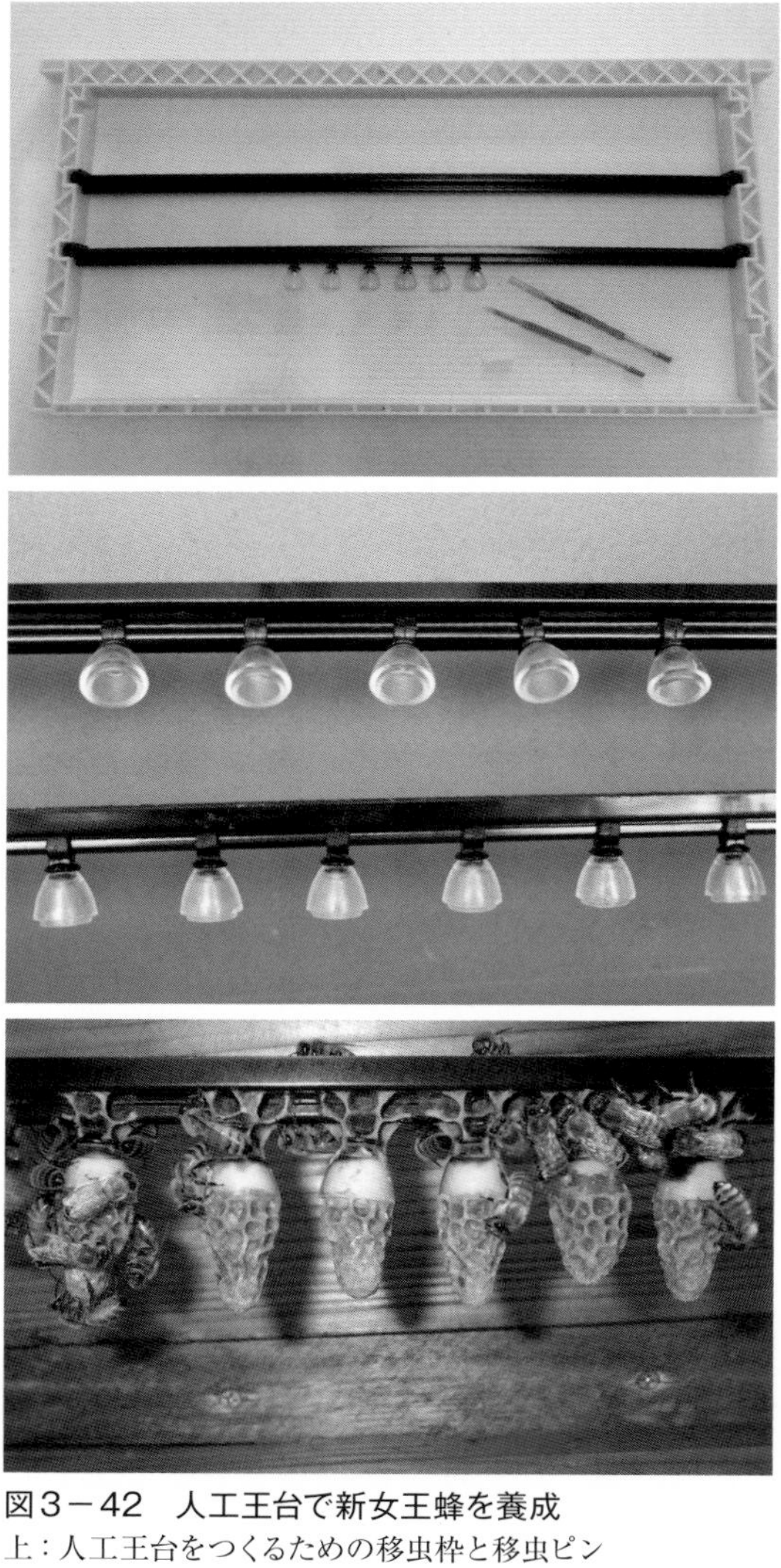

図3－42　人工王台で新女王蜂を養成

上：人工王台をつくるための移虫枠と移虫ピン
プラスチック製の王椀を取り付け、王椀内にふ化後3日以内の働き蜂の幼虫を入れて（「移虫する」という）、女王蜂を抜いた無王群にあずける。右下のスティックで幼虫をすくい王椀に入れる
中：プラスチック製の王椀
下：人工王台
育児蜂は王椀の形につくったプラスチック（人工王台）にローヤルゼリーを分泌し、女王蜂を育成する。その後、王台に蓋がかかり、数日で新女王が羽化する

イフで王台を完全な状態で切り取るようにする。

いずれにしても流蜜期に自然にできる王台は定期的な内検時に処分する。

その4　…単純な分割。新女王蜂（あるいは交尾済み女王蜂）を人工王台から別途養成しておくか、または別群から移して導入する。

これについては次ページ「7　女王蜂の導入のテクニック」を参照。

なお、その2からその4までは、分蜂熱の有無にかかわらずに蜂群を増やすときに技術的に行なう分峰で、その1の「分蜂熱」を利用する人工分蜂とは区別する。花粉媒介用の小群に分割するときも、この方法である。

その3や4は強群から複数の小群に分けるときによくつかわれる。

人工分蜂「パグデン法」

人工分蜂に「パグデン法」というやり方もある。パグデン氏が1868年に発表した方法で、これを用いると自然分蜂で大騒ぎになるのを防げるし、分蜂群が回収できなくなるような事態を避けられる。この方法は初心者向けで、いくつもの変法はあるが、一般的なものを以下に紹介する。

やり方としては、新しい巣箱（A）を分蜂熱をおこしている元群（B）の位置に置き、B群はその隣に置く。巣箱（A）には巣礎枠を入れておく。隣のB群は巣門をA群に向くよう90度方向を変えることもある。

B群の女王蜂を若い幼虫のみの巣枠に移動し、それをA群に入れる。この巣枠には王台がついていないことが条件である。

B群に王台があれば、形のよいものを2つほど残して他はすべて処分する。

この時点で蜂群は人工的に分蜂したことになる。B群の外勤蜂は元の位置にあるA群の巣箱に入り、B群の巣箱内は内勤蜂と蜂児のみになる。必要に応じて両群に給餌をする場合がある。

6〜7日目に、今度はB群をA群の反対側の隣に置く。この間にB群で新しく出房した外勤蜂は巣箱を移動されたためA群に入り、A群の群勢が確保される。B群が2段群であった場合、上段の蜜巣枠は隔王板を挟んでA群に置く。このときB群に新女王蜂（処女王）が出ている場合は反対側に置かず、最初の位置のままにしておく。B群では新女王蜂が誕生し、やがて新しい蜂群となる。
A群は一時期蜂児が少なくなるためにミツバチヘギイタダニの被害に対する管理もしやすくなり、ダニ対策法としても期待できる。

7 女王蜂の導入のテクニック

不可欠、重要な技術

女王蜂の導入は新しい系統、たとえば病害虫に強い系統や、分蜂しにくく集蜜力がある系統、温和で働きのよい系統を選別、購入するときや、新女王蜂を導入して分蜂を防ごうとする際などに必要不可欠な技術である。

流蜜期に採蜜群としての勢力を保ちつつ、人工分蜂して新女王蜂をつくるには、女王蜂を取り去った元群に、ただちに産卵している女王蜂を導入できると、蜂群の産卵停止期間が短縮できてつごうがよい。また、女王蜂の購入の際に、用意しておいた蜂群に確実に導入することは大切な技術である。

馴染むまでには少し時間がかかる

蜂群の仲間認識は、それぞれの体の体表炭化水素によってなされ、女王蜂導入にはフェロモンも関係する。女王蜂の導入にはお互いの関係を調整する工程も必要であり、調整に時間がかかる場合もある。

女王蜂導入の受け入れ条件

女王蜂を導入する受け入れ群の第一条件は、無王群であること。そのため、事前に女王蜂を抜くか、女王蜂がいる群から2、3枚巣枠を分割して無王群をつくるなどの作業が必要である。女王蜂を受け入れる当日か1日ほど前に、無王群をつくり準備したい。

導入の際の受け入れ群は若い内勤蜂が多いほど受け入れやすいため、分割などで無王にしたあと、巣箱を元の位置からずらしておくと外勤蜂は元の位置にある箱に戻りやすく、その結果、受け入れ群に若いハチが多くなる。

女王蜂導入後、数日間は無用な内検

図3－43　女王蜂の導入
女王蜂を導入する際は王かごに入れて、無王群にあずける。働き蜂が王かごを噛んでいるうちは女王蜂を解放できない

を控え、蜂群全体が落ち着くのを待って本格的な内検を始める。産卵が開始されていれば「受け入れ完了」と思って差し支えない。以下に導入法について紹介する。

王かご導入法
——女王蜂を購入したとき

購入した大切な女王蜂を導入するときは、この方法が一般的で、もっとも確実である。女王蜂は、春先から初秋にかけて必要に応じて購入できる。

女王蜂と数匹の働き蜂を王かご（女王蜂が入るかご）に入れ、導入しようとする無王群につるしておく（購入した場合はすでに働き蜂も一緒に入っている）。王かごを巣枠間に挟んでもよいし、巣枠の上に置いてもよい（図3－43）。王かごの餌入れ部には、粉糖に水、もしくは糖液を少量加えてつくるシュガーキャンディ（図3－44）を入れておく。数日後に馴染み具合を確認して、女王蜂を巣内に解放する。

1週間経過しても働き蜂が王かごを噛んでいるような場合は、「受け入れることはできなかった」と考える。別の女王蜂を導入するか、受け入れ群の王台をすべて除き、処女王など別の女王蜂がいるかどうかの再チェックが必要になる。

シュガーキャンディをつかう方法

また、王かごの餌入れ部分にシュガーキャンディを入れ、外部のハチが噛みながら王かごの中に入れるようにしておく方法もある。数日後には女王蜂と外部のハチが馴染み、産卵が始

図３－44　シュガーキャンディ
粉糖に水や糖液を少量加えてつくる。写真は越冬時の餌補給のようすを撮影したもの

まっている。このときにつかうシュガーキャンディは軟らかすぎると女王蜂と働き蜂が馴染む前に噛み切ってしまうし、かたすぎると王かごに入れない。適当なかたさにするには少し経験が要る。耳たぶ程度のかたさがよい。

直接導入法——24時間後に新しい女王蜂を導入

取り替えたい女王蜂を蜂群から抜き、その後24時間経過した頃に、導入しようとする女王蜂をそのまま入れるだけである。働き蜂は何ごともなかったように新女王蜂を受け入れる。ただし、「24時間経過した時点で」というのが大切で、前後1時間程度の誤差なら何とかなるが、それ以上ずれると失敗する。時間を守れば失敗することはない。

この方法は今から２００年以上も前に、スイスの研究者ユーベルの実験により確かめられた。導入後はそのまま産卵するため、採蜜群としての勢力を維持しつつ新女王蜂を導入したいときには有効な技術である。

その他、複数の蜂群から働き蜂を寄せ集め、ごちゃ混ぜにして個々の蜂群の確認ができない状態にして巣門前に落とし、入っていく働き蜂の列に女王蜂を落とし入れるという方法もある。

新しい女王蜂を人工養成する

小規模の飼育の場合は、以上に述べた方法で事足りるが、集蜜力などで優秀な女王蜂の系統を維持する場合や、花粉媒介用の蜂群作成のために女王蜂が必要なときなどは、女王蜂を人工養成する技術を身につけておくと大変便利だ。

人工養成のための器具が市販されているのでそれを用いれば便利だが、まずは従来の「移虫」の技術を身につけたい。

ふ化後3日以内の小さな幼虫を、プラスチック製の王椀に移虫し（図3－42参照）、無王群にあずけて王台まで成長させることで一度に多くの女王蜂を得ることができる。また、2段群で下段にいる女王蜂から隔離した状態を隔王板で保ち、移虫した王椀を取り付けた移虫枠を、若い幼虫がいる巣枠と一緒に上段に入れることもある。このやり方はローヤルゼリー生産のときにも行なわれている。

女王蜂の生まれた年を把握する方法

女王蜂が生まれた年を確認する方法として、胸部背面にマーカーで色を塗ることがある。国際的には、西暦各年号の最後の数字が1と6なら白もしくは灰色、2と7は黄色、3と8が赤、4と9が緑、5と0が青と色分けしている。多くの養蜂家は2年以内に女王蜂を更新するので、ほぼ間違いなく生まれた年を把握できる。女王蜂に色をつけると内検時に見つけやすいのもいい。

色を塗る際、女王蜂を押さえておく道具もあるが、親指と人差し指で優しく女王蜂を捕まえて翅を切ったり、色をつけたりするほうがより安全で作業がしやすい。

コラム 6 攻撃的なハチは女王を替えると変わる!?

つねに攻撃的な蜂群に遭遇することがある。近くを人が歩くだけで頭の周りに付きまとい、ときには攻撃的な行動を取る。このような場合、性質が穏やかな蜂群から女王蜂をつくり、攻撃的な蜂群の女王蜂と交換するだけでおとなしくなることがある。しかも、導入した直後からおとなしくなる。

どうしてそうなるのかは詳しく調べていないので断言できないが、住宅街での飼育などでは頭の片隅に入れておいて、必要に応じて試してみる価値はある。

8　秋〜冬　採蜜後の管理（1、2年目以降共通）

ミツバチヘギイタダニに要注意

越冬前には、病気の有無の確認、とくにダニ管理を徹底する。

8月、9月は、ミツバチヘギイタダニの被害が出やすい時期である。春はオス蜂に優先的に寄生していたダニが、この時期にはオスがいなくなり、一斉に働き蜂の巣房に入って寄生する。ダニ剤を適切に使用することを怠ると大きな被害になる。詳しくは4章で紹介する。

寒さに強いセイヨウミツバチ

寒くなってくるとミツバチは身を寄せ合い、塊となって蜂球を形成して寒さをしのぐ（図3－45）。蜂球の中では、貯蔵したハチミツを燃料として翅を動かさずに（自動車のニュートラルと同じような状態にして）飛行筋を動かすことで熱を生産し、内部を30℃程度に維持する。昆虫は変温動物であるが、ミツバチはほとんど恒温動物といってもよいほどである。

蜂球の内部は30℃程度だが、外側はそれよりも気温が低く、15℃程度である。セイヨウミツバチの自然分布の北限は北欧のストックホルム、ヘルシンキ付近であるが（佐々木、２００３）、1月の平均気温がマイナス５℃前後、

図３－45　蜂球
冬期は体を寄せ合い、蜂球を形成して越冬する

マイナス10℃になる日も多く、蜂球の中が30℃を下回ることもある。分蜂時を除くと木の洞穴などで一年を通して定住し、そこで越冬する。寒いときは育児などの活動を停止し、エネルギーを温存しつつ一定の温度を保つ。セイヨウミツバチは、基本的に寒さに適応している。

秋のハチが春のハチを決める

越冬に備えたハチ「ウインタービー」をしっかりつくるのが、この時期の目的である。

春から夏にかけて採蜜など活躍した蜂群は、秋になると越冬の準備が必要になる。晩夏から秋に生まれる働き蜂は、体内の脂肪体が発達するなど越冬の準備を備えたハチ、ウインタービーとなる。春から夏の間に生まれるサマービーは通常1カ月程度の寿命だが、ウインタービーは越冬時に数カ月以上も生き延びる。越冬後は外勤蜂として食料を集めるだけでなく、新しく生まれる子の世話にかかわり、やがて春に生まれるハチと交代していく。

秋にいかに多く越冬のための若いハチを出すかが重要で、「秋のハチが春のハチを決める」といわれるほどである。

ハチ密度を高めておく

夏に交尾を終えた若い女王蜂は、秋になると旧女王蜂に比べてより多く産卵し、越冬に有利になるという報告があり、秋に多くの働き蜂を生産するための大切な情報である。秋に花粉や花蜜が少ない場合は、産卵を促すため、代用花粉や健勢給餌が状況に応じて必要になる。また、この時期は産卵、育児の量が低下傾向になり、ウインタービーが出現し始めるが、巣枠を増やさずむしろ抜くなどしてハチ密度を高め

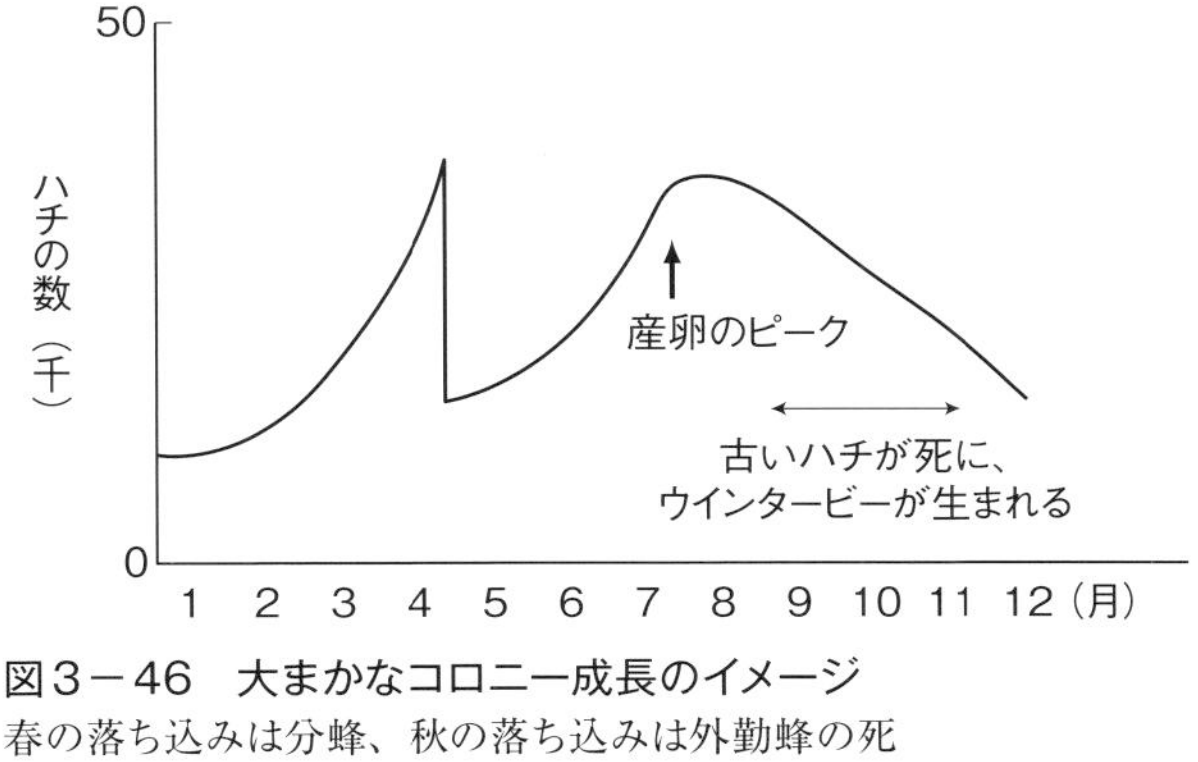

図3－46　大まかなコロニー成長のイメージ
春の落ち込みは分蜂、秋の落ち込みは外勤蜂の死
http://scientificbeekeeping.com/old-bees-cold-bees-no-bees-part-1/

ておく（図3―46）。

とくに寒冷地では、越冬に向けて若い女王蜂の存在が大切な条件になる。合成蜂児フェロモンを使用して、秋の産卵を促す技術も試行されている。

産卵スペースを確保する

秋にはチャの花が咲き、良質の花粉を提供してくれる地方もあるが、一方で、外来種で名高いセイタカアワダチソウやセンダングサの仲間、アレチウリも各地で咲き、蜜、花粉がときに想定以上に入り、産卵スペースを圧迫してしまうことがある。そうすると、越冬蜂を生産できなくなることがあるので、状況に応じて採蜜をしたり、花粉採集器を取り付けるなどして、産卵スペースを確保する。

越冬直前の管理（越冬給餌）

地球温暖化に伴い、冬の季節になっても産卵が停止することがない地方もあり、本格的な越冬体制に入るタイミングを決める判断は難しく、いつまで産卵のために代用花粉を与えつづけるか、いつ本格的な越冬給餌を行なうかは頭を悩ますところである。朝夕の気温が下がり、周囲の花が少なくなってきた頃、育児圏が小さくなりつづけ、大きくならないことを確認できた頃を目安に、越冬のための給餌を行なう。

給餌器に満杯の砂糖液を一気に与え、巣枠のほぼ全体を貯蜜で満たすまで継続して、越冬体制に入らせる。寒くなると動きが鈍くなり、砂糖液をとれなくなることがあるので、与える時期には注意する。越冬給餌は濃いめの餌、砂糖2対水1の砂糖液とする。

もちろん蜜巣枠に残っている蜜を利用してもよい。ただし、冬期にハチがほとんど外に出ないような寒冷地では、濃い色の蜜を利用するのはなるべく避け、砂糖液を中心に与える。濃い色の蜜に含まれる灰分その他の混入物で糖含量も減少し、混入物は越冬中にハチの腹部にたまり下痢の原因になる。

餓死対策

越冬中で貯蜜が切れると、餓死する（図3―47）。貯蜜が不足している場合は、糖液給餌ではなく、粉糖を練って適当な軟らかさ（軟らかすぎるとハチが練った粉糖の上でべたついて死ぬ）にしたシュガーキャンディを、内蓋の穴付近や巣枠の上に置くと、ハチはそれをなめて生き延びる（78ページ図3

図3－47　越冬中に貯蜜がなくなり、餓死した蜂群
多くのハチが巣穴に頭を入れたまま死んでいる。中央上に女王蜂の死骸もある

―44参照）。

極端に温めすぎない

越冬に向けて、寒くなってきたら巣箱の巣門を新聞紙や発泡スチロールなどで狭め、寒気が中に入りにくくする。北風が極端に強い場所は風よけを設置するとよいが、寒冷地を除き、過度に保温に神経質になる必要はない。極端に温めると、育児が途絶えず、ダニの発生も多くなる。寒さで女王蜂の産卵が停止することで、女王蜂を休めることもできる。むしろ、越冬して春の健勢が始まるときに保温材料を使用すると、群勢の伸びがよいようである。

養蜂の初心者から「寒くてかわいそう。毛布をかぶせて部屋に入れて温めてよいか？」など質問を受けることがある。冬に不自然に温めると巣の内部の活動が活発になり、産卵が始まり、花粉を求めてハチが外に出てしまったり、せっかくの貯蜜量を減らしたりする。さらにミツバチヘギイタダニの温床にもなるため、「寒いときは寒いなりの管理」がよい。すなわち、巣門を狭め、巣の内部に冷たい風が入りにくいようにするとともに、越冬前に越冬給餌をしっかりと行なえばよい。積極的に保温する必要はない。

弱小群を合同させる方法

なお、単独で越冬が困難な弱小群は、他の同じような弱小群や蜂群と合同するとよい。

まず、2つの蜂群のうち、どちらかよりよい女王蜂を残し、他の群の女王蜂は捨てる。簡単なやり方は、通常は女王蜂がいる巣箱の上に1枚の新聞紙

図3－48　新聞合同　その1（2段箱の場合）

①新聞紙を女王蜂がいる巣箱の上に置く
②新聞紙の上に隔王板を置き、継箱を乗せる
③新聞紙にハイブツール、カッターナイフなどで切れ目を入れる
④合同しようとする蜂群（女王蜂を除いたもの）を上段に置く
⑤蓋をして数日待つ
⑥内部で働き蜂が新聞紙を噛みながら、互いに仲間として認識し合う。内部を見ると新聞紙が噛み切られ、合同が成功している

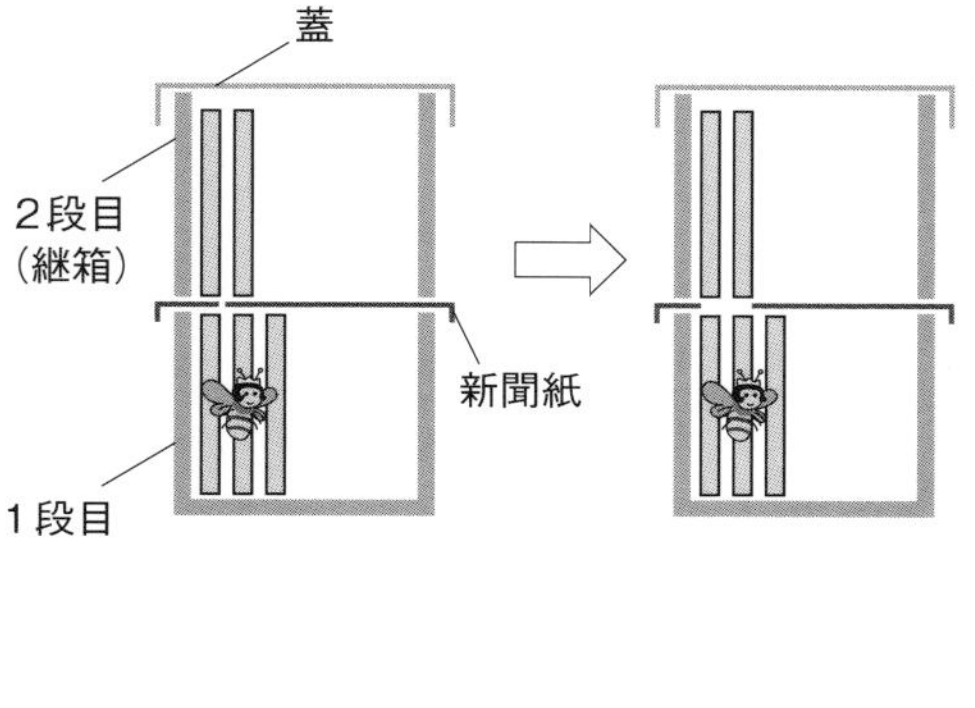

図3－49　新聞合同　その2（単箱の場合）

①合同する2つの蜂群から残したい方の女王蜂を選び、他の蜂群の女王蜂を処分する
②女王蜂がいる蜂群の、巣枠の上から巣箱の底にかけて、新聞紙をかぶせる。新聞紙にはハイブツールなどで2、3カ所、簡単に切れ目を入れておく
③2つの巣箱の中（新聞紙を挟んだ隣）に、合同したい蜂群（女王蜂を抜いたもの）を巣枠ごと入れて蓋をする
④2、3日放置すると、双方のハチが互いに新聞紙を噛みつつ出会いながら受け入れ合う。かじられた新聞紙の破片や噛み屑が巣門から出るのを確認してから蓋を開ける

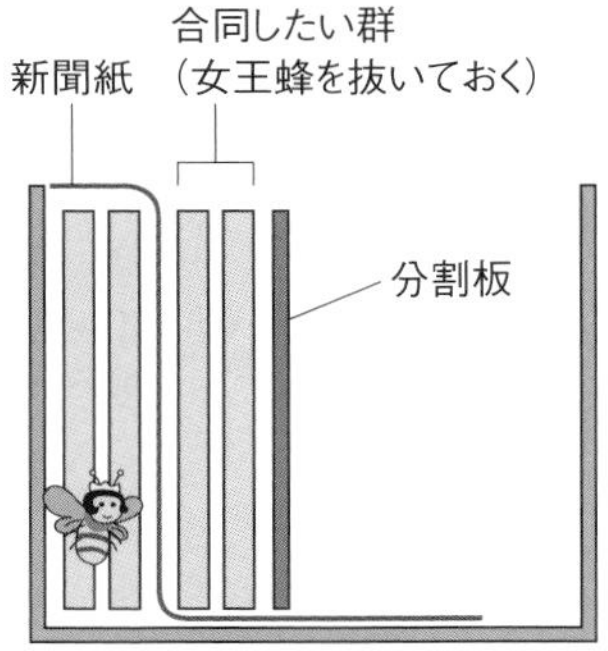

を置き、カッターかハイブツールなどで小さく切れ目を入れておく。この際、隔王板を置くと新聞紙が安定する。その上に継箱を置き、女王蜂を抜いた蜂群を巣枠と一緒に入れ、巣箱に残っているハチもふるい落とし入れ、蓋をしておくと、数日のうちに上下から新聞紙を噛みながら互いに受け入れ合って1群になる（図3―48、49）。

　巣門から新聞紙を噛んだ屑が出てくる頃を見計らって蓋を開け、蜂児枠を中心に残し、可能な限りの巣枠を抜いてハチの密度を高め、代用花粉や砂糖液を給餌して蜂群の再生を図る。

9　冬期のだいじな仕事

巣枠の保管

越冬体制に入る頃には、ハチ数の減少に伴い、使用しなくなった巣枠の管理が必要になる。放置すると、スムシ（95ページ参照）の幼虫が繁殖して巣枠全体を食べ尽くしてしまう。また、蜜が入っている巣枠には、その蜜を取りにハチが群がることがあり、周囲に弱小群があるとその巣箱に入り込み、「盗蜂」といってその弱小群を攻撃してしまう原因にもなる。巣枠の保管については第4章で述べるが、越冬期の巣枠の管理は怠ってはいけない。

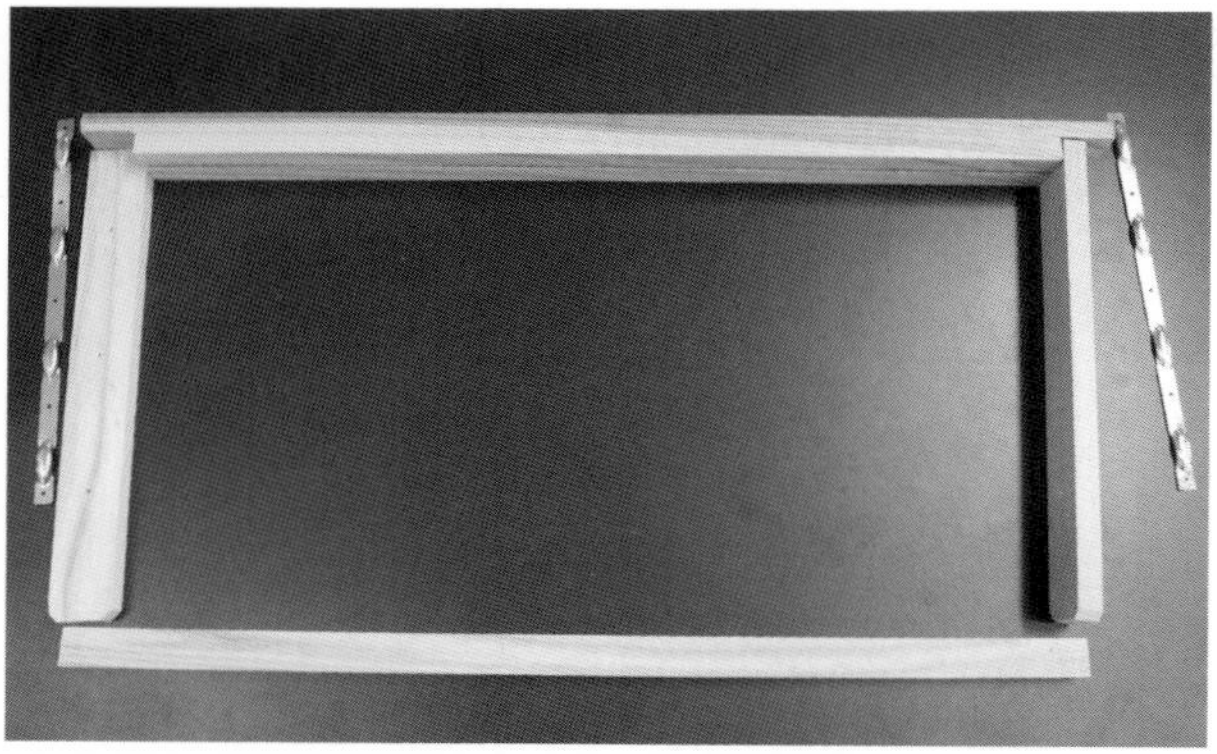

図3－50　巣枠の概要（ラングストロース式）

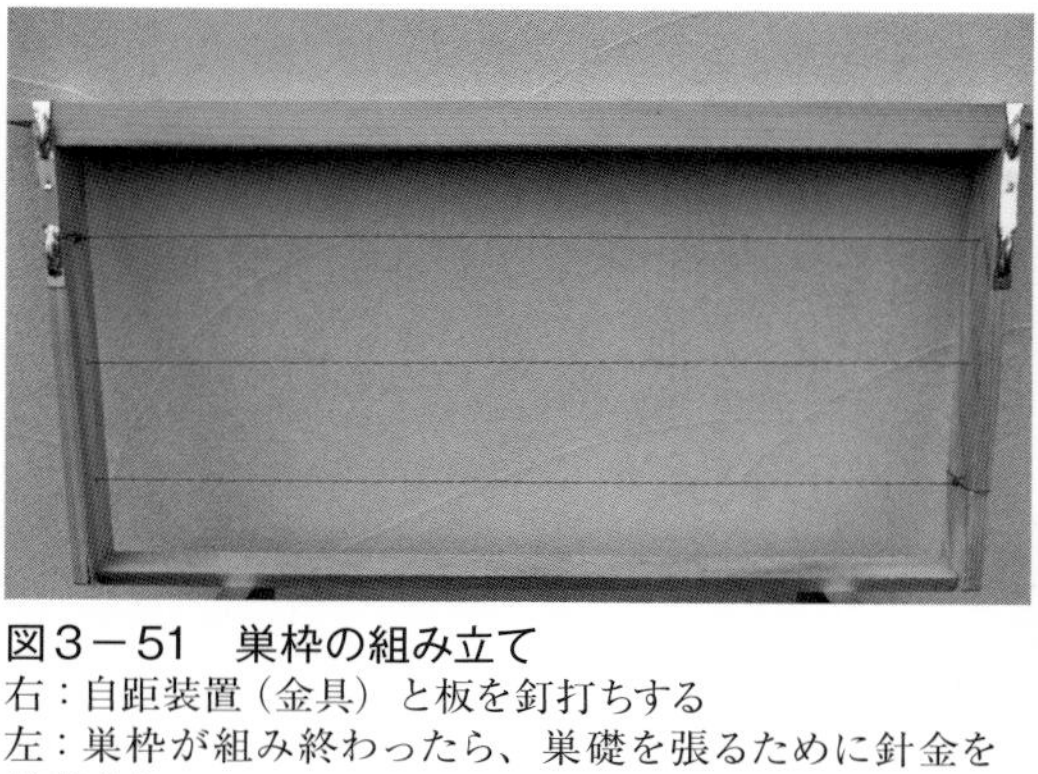

図3－51　巣枠の組み立て
右：自距装置（金具）と板を釘打ちする
左：巣枠が組み終わったら、巣礎を張るために針金を装着する

巣箱や養蜂器具の点検、修理

越冬期はハチの蓋をあけて内検する必要はないため、使用した巣箱や養蜂器具の点検、修理をする。

次年度に使用する巣枠の組み立て、針金張り、巣礎張りなどの準備はこの時期に行なうとよい（図3－50、51）。巣礎とはハチの巣の土台となるロウでできたシートで、働き蜂の巣房の径に合わせた六角形の型が刻まれている。ハチはこの型をもとに巣をつくり、働き蜂のみの巣枠ができる。巣枠は組み立ててあるものを購入してもよいが、自分で組み立てると経験にもなるし、経費の節約にもなる（図3－52）。

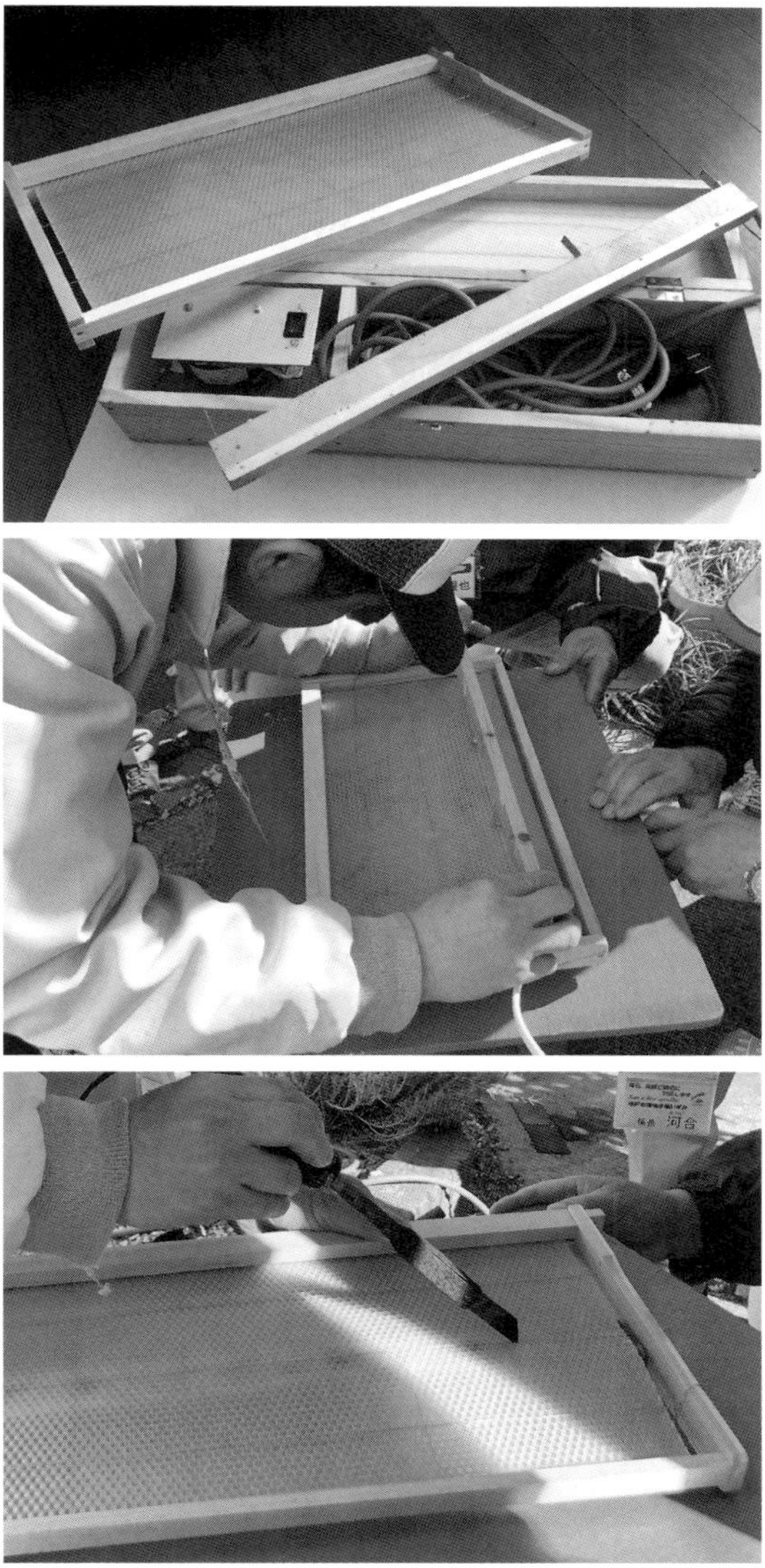

図3－52　巣礎張りの概要

上：電気埋線器と巣枠、巣礎

中：電気埋線器で針金に6～12ボルト程度の電圧をかけると針金の温度が上がり、巣礎のロウをとかして埋線される

下：半田ごてで埋線することもできる

半田ごての先にヤスリで溝をつくり針金をなぞるとロウがとけて埋線される

第４章
ミツバチの衛生管理・保護

1　病気を広げない、もらわない

育児圏はつねに新しい巣枠で

ミツバチを病原菌や外敵から防除するために、養蜂家はつねに細心の注意を払っている。ミツバチはさまざまな花を訪れるため、いったん病害虫に侵されると、自分の蜂群だけでなく近隣の養蜂家の蜂群にも花を通して感染させてしまったり、逆に近隣から病気をもらったりするので、お互いに十分に注意して管理する義務がある。

外勤蜂は近くの巣箱を互いに出入りすることもあるため、同じ養蜂場内の病害虫管理は一斉にすべての蜂群に対して行なう。「広げない、もらわない」の管理である。病気の蔓延を防ぐためにも、育児圏の巣枠は定期的に処分し、新しい巣枠で飼育することを心がける。

病害虫に強い系統を選抜

ミツバチには衛生管理行動が備わっていて、病気のハチや病害虫を巣の外に捨てることなどで蔓延を防いでいる。より強い病害虫に抵抗力をもつ系統が見つかれば、飼育者として系統選抜を蜂場内で工夫をするとよい。

ミツバチは空中交尾をすることから、特定の女王蜂とオス蜂を交尾させることは通常難しいが、自分が所有する蜂群から目的に合わせた系統を選別し、それらを、女王蜂を育成する群とオス蜂生産群とに分け、オス蜂生産群以外の蜂群からはオス蜂が出ないように「オス蜂切り（オスの蛹を切り取る）」作業を根気よくつづけている養蜂家もいて、成果をあげている。

系統選抜に関しては、耐病性のほかに集蜜力（もしくは目的の蜂産物の高い生産能力）、分蜂しにくい系統選抜なども効果がある。人工授精により育種、系統選抜をする専門の研究室や育成機関の出現を期待している。

弱群の管理

弱い蜂群は病害虫に侵されやすく、また盗蜂といって強群からのハチに侵入されて蜜を奪われ、やがて弱群は壊滅状態になる場合がある。盗蜂の結果、病害虫が双方に伝染し、痛手を被ることもある。小さい蜂群は合同してより安定した群勢にしたり、ハチの密度を高く保ち、蜂児と成蜂のバランスサイクルを健全に保つ必要がある。また、蜂場の周辺は草刈りをこまめにするなど、湿度が高くならないようにする。

2 各種病害虫の対策

ミツバチヘギイタダニ（*Varroa destructor*）――このダニの防御なしには養蜂は成立しない

もっとも被害が深刻なダニ　現在もっとも被害が大きい害敵はミツバチヘギイタダニで、日本の養蜂被害全体の6割弱を占める（図４－１）。１９９９年に届出家畜伝染病に指定されている。

わが国では１９５８年2月に、埼玉県北足立郡朝霞町（現在の朝霞市）でこのダニのセイヨウミツバチへの寄生が最初に確認された。当時は大きな被害は報告されていなかったが、その後急激に被害が拡大し、世界中で対策が論議されている。

当初このダニの学名は*V.jacobsoni*とされていたが、２０００年に*V.destructor*が発見され、この種が全世界に大きな被害をもたらしているミツバチヘギイタダニであることが明らかになった（*V.jacobsoni*は最初に確認されたのがジャワ島であったことから、和名をジャワミツバチヘギイタダニとすることが提唱されている。この種は日本にはいない）。

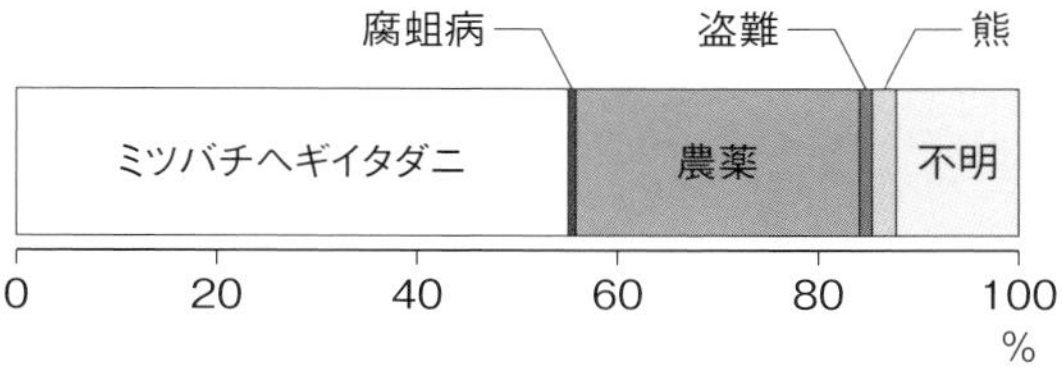

被害群（のべ）数は41,294群（全損ではない）
飼養群数約170,000群の最大約24％
～(社)日本養蜂はちみつ協会（2009）養蜂業被害状況調査報告

図４－１　被害のうちわけ
ミツバチが受ける被害のうちミツバチヘギイタダニによるものが最大で、農薬よりも大きい
中村純氏作成を改変

現在、*V. destructor* はオーストラリアを除く全世界に広がっているが、韓国タイプと日本タイプの2つがある。韓国タイプは世界中に拡散しているが、日本タイプは日本、タイ、南北アメリカ大陸以外では見つかっていない（2010年現在）。今や、このダニの防御なしには養蜂は成立しないと言っても過言ではない。

生態　ミツバチ幼虫が蛹になる前、巣房に蓋がかけられるが、この頃に幼虫からの体表物質（脂肪酸エステル類）の変化をダニが感知し、蓋がかけられる前に巣房に潜り込み産卵する。やがて巣房内で成ダニが孵《かえ》り、ハチが羽化すると同時に巣房から若い成ダニも蜂群内に出て、他の巣房に入り込み、蜂群に大きな被害を与える。とくにオス蜂の巣房を好み侵入する。オス蜂の蛹の期間が働き蜂と比べて長いため、オス蜂の巣房でより多くの成ダニが育つ。

1匹の母ダニあたり若いダニが、働き蜂の巣房では2匹程度に対し、オス蜂巣房では4～5匹育つ。

蜂群崩壊症候群との関連　昨今、ミツバチが原因不明のうちに大量に失跡する蜂群崩壊症候群が報道されているが、このダニによる害が農薬とともに少なからず関係していると思われる。ダニはミツバチの体に付着して吸血し同時に種々のウイルスを媒介する。チヂレバネウイルス（deformed wing virus：DWV）はその代表格である（図4－2）。このダニの感染で全滅する蜂群は多い。

図4－2　チヂレバネウイルス（いわゆるバロア病）にかかったハチ
手前がミツバチヘギイタダニ（菜の花のタネくらいのサイズ）

駆除薬　現在、アピスタン（フルバリネート剤）、アピバール（アミトラズ剤）の農薬が駆除薬として認められている。交互につかうとダニに抵抗性がつきにくい。アミトラズは水分（湿度）にあうと加水分解するので、湿度の高い季節よりは秋以降に用い、湿度の高い季節にはアピスタンを用いるとよい。

薬剤処理は一斉に　蜂群の購入や譲渡など、ハチを移動するときはダニの感染に十分留意する。隣り合った蜂群のどちらかがダニに感染していると、ダニ自体が歩いて移動し、隣の巣箱に入り込むおそれがある。外勤蜂に寄生していると自分の巣箱以外にも出入りするので、ダニの感染につながる。

　また薬剤処理は、「この群は採蜜をしたいから後回しにする」などと考えるのは禁物で、蜂場全体の蜂群に一斉に処理する。

薬品をつかわない防除　近年、このダニの生活スタイルを利用した防除策が注目されている。オス蜂が多く出現する春に、オス蜂産卵用の巣枠のみ切り捨てる方法である。まずオス蜂用の巣礎を蜂群に与えて、そこにオス蜂卵を産卵させ、ダニが潜入したあとの蓋がかかったオスの巣枠を廃棄する。この方法はダニの増殖を効果的に防ぎ、薬品をつかわないコントロール法として注目されている。

　オス専用の巣枠は、オス蜂のサイズにつくられたプラスチック製の巣礎が販売されているので、それを蜂群に与えてオス産卵用の巣枠をつくり、使用後はきれいに清掃して再生し、何度も使用できる。巣礎がないままの巣枠を蜂群に与えると、オス蜂の巣房をつくることが多く、オス蜂卵が産みつけられる。プラスチック製の巣礎がない場合はこれを利用して、オス蜂卵を産みつけさせ、蛹になる前の蓋がかかったときに巣を切り取って処分すればよい。

　また、チモール（タイム）やミントなどのハーブ系やギ酸、シュウ酸などを利用して管理する方法も提案されているが、より適切な管理方法の確立が望まれる。

アカリンダニ（*Acarapis woodi*）
——呼吸器官に寄生

　ミツバチ成虫の前胸部気管（気管は呼吸器官）に寄生するダニで、ホコリダニ科の一種。病原性は弱いが、多く寄生すると呼吸器が詰まって飛べなくなるなどの症状が出る。わが国ではミツバチヘギイタダニと同じ１９９９年に届出家畜伝染病指定に指定されていたが、２０１０年になって初めて寄生が確認された。

図４－３　Ｋウイング
写真提供：中村純氏

ダニの大きさは肉眼で見ることは困難だが、このダニに寄生された働き蜂は前翅と後翅の接続がはずれ、Ｋの字に似た状態の症状（Ｋウイング、図４－３）が現われる。多く見られる場合は感染を疑ってみる。

近年、ニホンミツバチや台湾や韓国のトウヨウミツバチが、アカリンダニの感染によると思われる症状を発症し、地域によっては壊滅的な被害も出ている。ニホンミツバチでは、メントールを巣内に入れて防除する調査報告がある。

スズメバチの仲間
――毎年秋に被害が発生

日本にはオオスズメバチ、キイロスズメバチ、コガタスズメバチ、モンスズメバチがおもにミツバチを襲う。ヒメスズメバチはアシナガバチの巣を専門に襲うため、ミツバチに大きな被害を及ぼすことはない。毎年秋になると、おもに前三者が蜂場に飛来し、ときにミツバチに大きな被害を与える。

オオスズメバチは世界最大のハチで、ミツバチ成虫を噛み殺し、瞬く間に死骸の山を築くが、防除をしっかりとすれば、大きな被害からは免れることができる。スズメバチ捕殺器を取り付けたり、12mmメッシュの網で巣箱全体を覆ったり（図４－４）、ねずみ取りの粘着シートを蜂群の近くに置いて、飛来したオオスズメバチをシートに１匹付着させておくと、彼らはそこを中心に飛来し、粘着シートに多数捕獲され、大きな被害から免れることが多い（図４－５）。

キイロスズメバチやコガタスズメバチは、オオスズメバチのように大型でなく、１匹ずつミツバチを捕獲して持ち去るため、大きな害になることは少ない。しかし、ときには集団で襲い、甚大な被害を与えることがある。またチャイロスズメバチも関東一円で増えていると聞くが、ミツバチへの被害は未確認である。

図4－4　スズメバチ対策その1
巣箱ごと8mm×12mm程度の網で覆い、スズメバチの侵入を防ぐ

図4－5　スズメバチ対策その2
網で覆うのと同時にねずみ取りシートにオオスズメバチを1匹捕まえてつけておくと、そこにオオスズメバチが集まってくるため捕獲できる。ただし、キイロスズメバチやコガタスズメバチなどはシートには来ないので、網で捕獲するか、誘引剤を入れたトラップを用いる

２０１８年現在、ツマアカスズメバチが大陸、韓国経由？で長崎県対馬に入り、九州にも生息範囲が広がっている。キイロスズメバチと同様に大型種ではないが、大きな巣をつくるため、ミツバチへの被害が心配されている。

ハチノスツヅリガ
——幼虫が巣を食い荒らす

日本にはハチノスツヅリガ（*Galleria mellonella*）、ウスグロツヅリガ（*Achroiainnotata obscurevittella*）とコハチノスツヅリガ（*Achroia grisella*）が生息しているが、セイヨウミツバチにはもっぱらハチノスツヅリガ（スムシ）が寄生し、ときには大きな被害になる。

幼虫が巣枠の営巣部分を食い荒らし、巣枠をつかえなくする。木部も穿孔し、巣枠

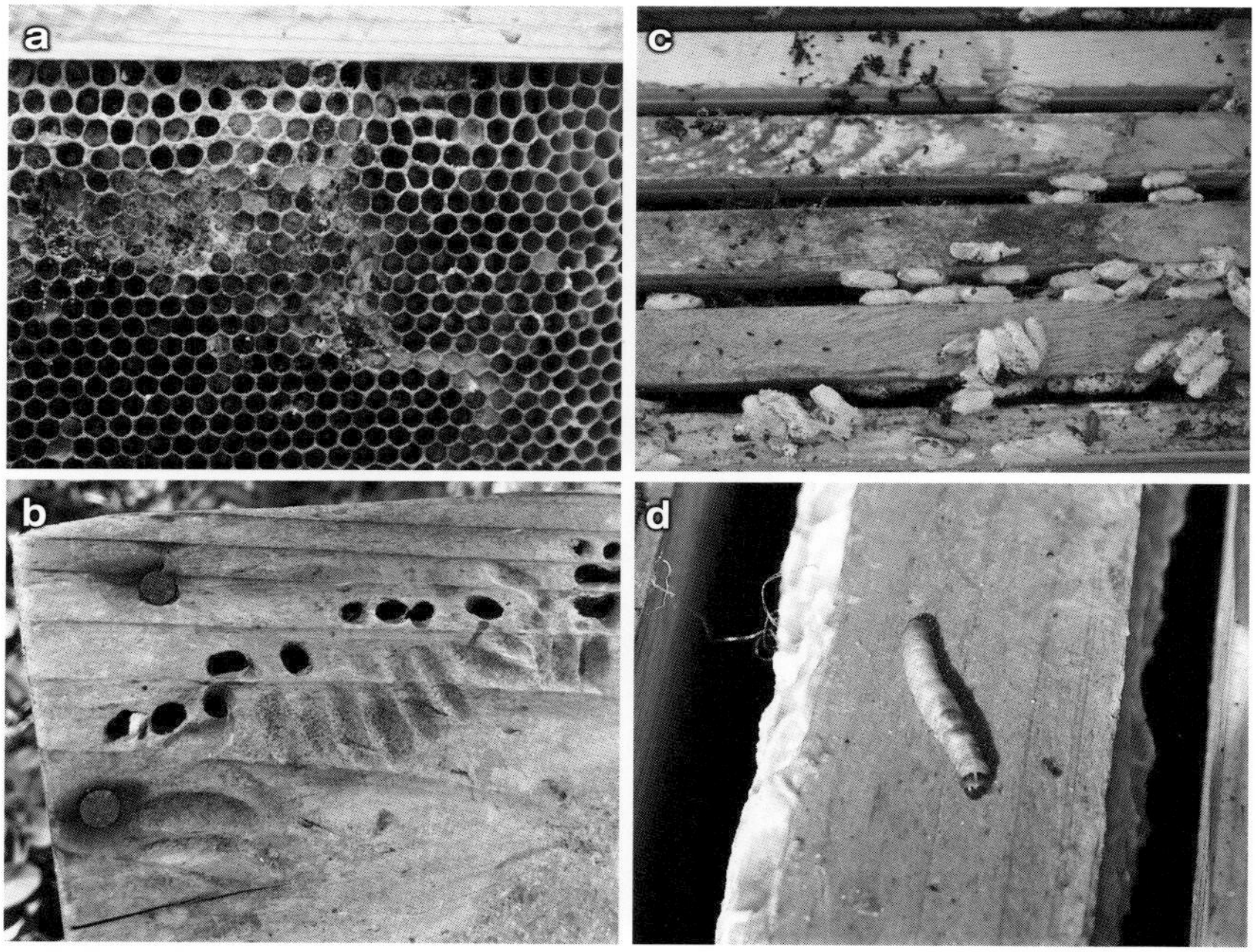

図4－6　ハチノスツヅリガの被害

a.　幼虫に食害された巣脾
b.　幼虫に穴をあけられた巣箱
c.　蛹
d.　終齢幼虫

だけでなく、巣箱が被害を受けること
もある（図4－6）。
　ハチ密度が高い蜂群では防御システムが働き大きな害にならないが、弱小群では防御しきれず被害を受けることがある。とくに、秋に巣枠を引き上げて保管する最中に思わぬ被害に遭遇す

図4－7　大型冷蔵庫に巣枠を保存している状態

衛生的に管理でき、スムシの害を防ぐことができる
たかだ養蜂場で撮影

る。保存の際にＢＴ剤を使用するか、密閉容器に入れ、その中に市販の消毒用アルコールを入れておいてもある程度は防げる。冷凍庫に入れるのがよく、大型冷蔵倉庫を用意し（図４—７）、巣枠を保管している養蜂家もいる。

２種の腐蛆病

腐蛆《ふそ》病は、アメリカ腐蛆病とヨーロッパ腐蛆病が知られている。両者ともに法定家畜伝染病指定（１９５５年）、国際獣疫事務局（ＯＩＥ）疾病リストに登載されている。感染を確認した時点で家畜保健衛生所に届け出て、一般的には罹病蜂群を巣箱ごと焼却処分する。養蜂場内で見つかると、やがて蜂場内の蜂群全体に広がるおそれがあるので、早期発見、対応が求められる。

アメリカ腐蛆病菌（ＡＦＢ）

Paenibacillus larvae　蜂児の細菌感染症で、病原菌が直接ひきおこすミツバチの病気の中でももっとも重篤な症状を示す。芽胞形成菌1～2齢幼虫に感染し、3齢幼虫以降の幼虫には感染しない。発症は有蓋蜂児（前蛹以降）になってからで、感染個体を楊枝の先につけると糸を引き、刺激臭がある。

ヨーロッパ腐蛆病菌（ＥＦＢ）

Melissococcus plutonius　蜂児の細菌感染症。芽胞は形成しない。若齢幼虫に感染し、発症はＡＦＢより時期が早く、無蓋蜂児の段階で死に至る。他の原因で死んだ幼虫と見分けがつきにくい場合があり、検査でも特定するまでに時間がかかることがある。

ノゼマ病

届出家畜伝染病指定（１９９９年）。ノゼマ微胞子虫、ノゼマ・アピス（*Nosema apis*）、もしくはノゼマ・ケラーナ（*N. cerana*）が成虫の腸管内で増殖しておこる病気。下痢の症状をおこし巣箱の内外が糞で汚れる（図４—８）。おもに早春か秋に症状が現われやすい。わが国での被害はそれほど大きくなく、バランスのよい蜂群管理が大切である。春一番の内検時には、巣箱を高温蒸気かガスバーナーで消毒したものと交換すると予防になる。

チョーク病

届出家畜伝染病指定（１９９９年）。不整子嚢筋菌に属する真菌、*Pscosphaera apis* の感染でおこる病気。

図4－8　ノゼマ病
ノゼマ病にかかったミツバチは越冬後に下痢状の糞を出し、巣箱が汚れる. 越冬期間が長いモンゴルでは頻繁に見られるが、大きな被害にはならない
モンゴルで撮影（2015年）

図4－9　チョーク病
チョーク病にかかり捨てられた幼虫。巣箱の底に死骸が見られる
モンゴルで撮影（2015年）

白い菌糸体が蛹に菌糸を伸ばして白く固まり、チョークのような状態になることからこの病名がついている（図4－9）。巣箱の温湿度管理が大切で30℃以下に長時間蜂児をさらすと発症率が高まる。この病気もわが国での被害は大きくなく、バランスのよい蜂群管理が大切である。春一番の内検時には巣箱を高温蒸気かガスバーナーで消毒したものと交換すると予防になる。

サックブルード病

ＲＮＡウイルスの一種で、サックブルードウイルスによる病気。トウヨウミツバチに感染例が多く、セイヨウミツバチでは大きな被害は見られない。ウイルスに感染した蜂児の頭部に水がたまったような状態になり死亡する。

図4－10　農薬で死んだと思われるミツバチ
周辺に苦しんで地上で回転しているハチがいる。このときに巣箱の前で大量のハチが死んでいた。舌を出しているのも特徴

麻痺病

感染すると胸部背面と腹部の体毛が脱落し、黒っぽく見えるようになる。巣門付近でこのような個体が体を痙攣させていたら、この病気を疑う必要がある。ミツバチヘギイタダニにより媒介されるウイルスで急性麻痺ウイルス、イスラエル急性麻痺ウイルス、カシミール蜂ウイルス、慢性麻痺ウイルスが報告されている。ミツバチヘギイタダニを駆除することで防御できる。ミツバチヘギチヂレバネウイルス（ＤＷＶ）による被害のような大きな害にはならないが、巣門付近で数百匹の死蜂を見ることもあり要注意である。

農薬による被害

養蜂上、農薬の被害を少しでも少なくするためには、農薬を使用する際に連絡を取り合い、それぞれが対策を取り合う必要がある。

果樹園や温室にミツバチを導入する際には、導入中は農薬をかけないことを契約時に取り決めているところは被害もなく、採蜜さえ可能な場所もある。水田のカメムシ防除は現在ネオニコチノイド系の農薬が使用されている。実被害も確認されているが、使用する際には養蜂家との連絡を密にする取り決めもされ始めている。今後、散布方法やハチの待避の仕方などさらに工夫すべきである。

１９７０年代後半にはゴルフ場建設ラッシュが始まり、至るところで大量の農薬がまかれた。養蜂への影響は大きく、ゴルフ場を避けて飼育場所を求めてきたが、最近では農薬のない場所

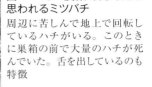

図4－11　養蜂場近くに設置したワナにかかったヒグマ
熊はハチミツが好物で、蜂群を崩壊させる被害が毎年報告されている
写真提供：菅野養蜂場

を探すのが大変困難になっている。ゴルフ場も農薬の使用方法に関して研究を行ない、野外昆虫への影響を最小限にとどめる努力をしている。ここでも両者の連絡を密に取りながら妥協点を見つけていく必要がある。

農薬による蜂群への被害はミツバチヘギイタダニに次ぐ大きな被害要因となっており、個々の取り組みでは解決できない問題である（図4－10）。

熊の被害

熊がハチミツを好むことは有名で、養蜂家にとっては大きな被害につながるため、厳重な警戒を要する。しかし電気柵の中に蜂群を入れても被害は跡を絶たない。蜂場周辺に金属の頑丈なワナを設置する場合もある（図4－11）。

コラム 7　養蜂器具の軽量化

お年寄りや一般女性で養蜂をやってみたい人が増えている。しかし、実際の養蜂作業は重労働で、蜜がいっぱいに入った巣箱は30kgもある。女性にとってはときに過重労働になっている。「重い」「一人では無理」という意見も少なくない。

そうした中、女性でも持ち運びやすい発泡スチロールやウレタン樹脂でつくられた軽量な巣箱が登場している。貯蜜巣枠には従来の半分のサイズの継箱や巣枠も用いられており、内検や採蜜時の負担が少ない。すでに海外ではつかわれているが、日本の小規模の養蜂でも負担軽減ができるだろう。

第5章
養蜂の魅力と現代的役割

1 ハチミツとその他の生産物

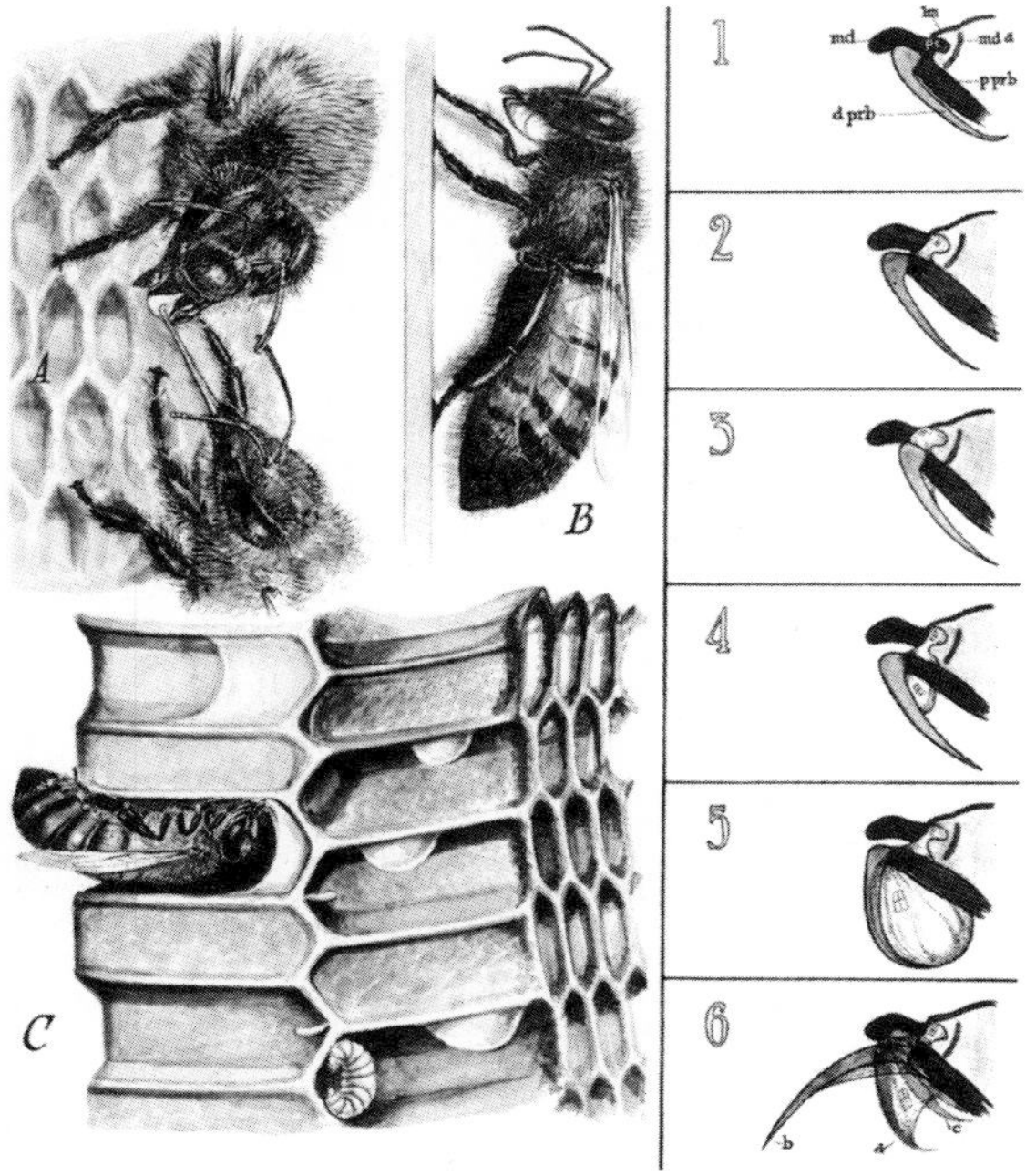

図5－1　外勤蜂が運んできた花蜜を受けとって巣にためるまでの３段階の図
A. 外勤蜂から花蜜を受けとる内勤蜂
B. 花蜜を成熟処理している内勤蜂
C. 未成熟の花蜜を巣房上部に置き、水分蒸発を待つ
＊右図は花蜜からハチミツへ転化しているときの口吻の動き
Grout. The hive and the honey bee (1966) p.110より

ハチミツ

ハチミツは、顕花植物の花が分泌する花蜜をミツバチが巣に持ち帰り、ショ糖分をブドウ糖と果糖に分解して巣に蓄積したものである。花蜜を運んで戻った外勤蜂は、口移しで貯蜜係の内勤蜂に渡す。受けとった貯蜜係は、口器をつかってハチミツを効率よく空気に触れさせ（図5－1）、水分を蒸発させると同時に、蜜胃からα－グルコシダーゼを分泌して、ショ糖分をブドウ糖と果糖に分解する。

販売の形状　ハチミツは、その形状から、液体状のハチミツ、クリーム状のハチミツ、巣蜜入りハチミツ、巣蜜などに分類される。巣蜜は小さな巣礎つきのセクションを蜂群に与え、蜂の巣そのものを食べるようにしたもので、ハチミツのなかでも高級品として珍重されている。ハチミツは14℃以下の温度下で花粉を核として結晶する場合があり、その際に適度に攪拌することにより、きめの細かいクリーム状のハチミツになる。保存しやすく食べやすいため、この形状で販売しているものもある。

図5−2　マツの葉の上で甘露蜜をなめているミツバチ（トルコ）
トルコでは松につくカイガラムシが分泌する甘露をミツバチが集めたパインハニー（Pine honey）が有名である

貴重な甘露蜜　花蜜を集めて蜂群内で処理されてできたもの以外に、モミやマツなどの樹液を吸った昆虫の分泌物（糖分）を集めて熟成させた甘露蜜も貴重なハチミツである（図5−2、3）。一般的にミネラル分が多いため色が濃く、ポリフェノールやオリゴ糖も多く含まれ健康によいとされている。

小笠原ハチミツ……正体は「甘露」

国内では希少

世界自然遺産の東京・小笠原諸島で採れる黒色のハチミツが、日本では珍しい甘露ハチミツ㊟であることが、元大学教授らの調査でわかった。ミツバチが花の蜜ではなく、樹液を吸うアブラムシなどが出す蜜を集めたもので、地元の養蜂家らは小笠原を代表する特産品としてPRしていく。

甘露ハチミツは色が黒や褐色で、フルーティーな甘さが特徴。欧州では広く親しまれ、国際機関コーデックス委員会策定の食品規格はハチミツを、花の蜜からできるハチミツと甘露ハチミツの二つに分類する。一方、日本では、業界団体の全国はちみつ公正取引協議会に甘露ハチミツの規格はなく、輸入品はあるが、ほとんど知られていない。

小笠原産のハチミツは、見た目や味が独特な理由が不明だったが、千場英弘・元玉川大教授（養蜂学）らが甘露ハチミツに似ていると気付いた。今月、ミネラル分の含有量など国際規格が定める基準を満たすか、「菓子・食品新素材技術センター」（東京）に検査を依頼し、適合した。同協議会の奥野弘昭専務理事は「国産の甘露ハチミツは聞いたことがない」と話す。

ハチミツの歴史に詳しい養蜂家の貝瀬収一さんによると、小笠原では19世紀後半、養蜂が始まった。当時は普通のハチミツで、人の移住に伴って20世紀初頭以降、アブラムシなどが繁殖し、甘露ハチミツに取って代わられたとみられるという。

千場さんは「固有種の宝庫で特異な生態系を持つ島と甘露ハチミツの組み合わせは面白く、世界的に注目される。地域資源として守り育ててほしい」と話す。

色や味が独特な小笠原諸島産のハチミツ

㊟甘露ハチミツ　樹液を餌にするアブラムシやカイガラムシが葉に出す蜜をミツバチが集める。通常のハチミツよりミネラル分が多い。ドイツやブルガリア産などがある。

図5−3　小笠原のハチミツが甘露蜜だったことを伝えるニュース
読売新聞2019年3月12日掲載

サクラは、花が終わる頃に花外蜜腺から蜜を分泌する。アリとの相利共生で、蜜を提供する代償として若く柔らかい葉を食害する昆虫から守ってもらう。ミツバチはこの蜜腺からの蜜も多く集める。サクラの葉を他の害敵から守ることがないので、片利共生になるが、ソメイヨシノの花が終わってから相当数のミツバチが花外蜜腺を訪れている。4月中旬でも、サクラのクマリンの香りが豊かな蜜がとれるのは、この花外蜜腺からの樹液蜜が一定量入っているものと思われる。

ハチミツの利用　甘味料として利用されているが、単糖類のブドウ糖・果糖は吸収が早いため、疲れたときの疲労回復に役立ち、脳のエネルギー源にもなる。ミネラルやポリフェノールが多く入っているハチミツは、抗酸化作用も期待できる。ハチミツは濃度が高い（水分20％以下）ため、多くの細菌類は生育できず、また、グルコースオキシダーゼの殺菌作用がある。肉料理、野菜につかわれ、古くから各種ケーキなどスイーツに用いられてきた。

ハチミツは甘味料とともに、早くからハチミツ酒（ミード）としての利用も盛んで、明確な証拠や研究報告は見当たらないが、人類最古の酒がハチミツ酒であったらしい。水で薄めるか、糖度の低いハチミツを放置するだけで発酵が始まり、簡単にアルコール飲料ができることからもうなずける。中国、河南省の紀元前7世紀新石器時代の遺跡では、ハチミツ、米、果物を壷の中で発酵させた飲み物をつくった痕跡が見つかっている。

プロポリス

ギリシャ語でpro（「前に」、あるいは「守る」）とpolis（共同体または都市）とからなることばで、ミツバチは周辺の植物が分泌するヤニを集めて（図5－4）営巣場所のすき間の穴埋めに用いる。巣の取り付け部分の円滑化、寄生虫や巣箱内微生物を遠ざけるなどの役割を果たしていると思われるが、人体への効果に関する多数の研究に比べると蜂群内での役割に関する研究では腐蛆病、バロア病などへの効果の調査が始まったばかりである。

植物は花や葉が新しくできるときは大切な器官として、粘着質のヤニで覆い周辺の病虫害から守る。ミツバチはそのヤニを集めることから、人にも殺菌力などの効果を期待して古くから用いられてきた。約４０００年前の古代エジプト遺跡で発掘されたミイラは、プロポリスを防腐剤としてつかっている例もある。

アリストテレス（ＢＣ１１６〜ＢＣ２７）の『動物誌』の中に、打撲傷や化膿した部分に効果があるという記載があり、20世紀の初頭に至る長い歴史の

図５－４　ヤニ（プロポリス、矢印）を花粉バスケットで運ぶミツバチ

中で民間薬として受け継がれてきた。

今でも、歯周病予防、やけどの塗り薬や切り傷の手当てなど、さまざまな用途で民間に用いられている。当然ながら、ミツバチが訪れる植物によってプロポリスの成分や人に対する効果もさまざまである。

ブラジル政府のプロジェクトのもとで、ミツバチ遺伝学者Kerr博士が品種改良の目的でアフリカから運んできたハチが思わぬ事故で逃げ出し、現地のミツバチとの交配品種ができた。それはアフリカ化ミツバチと呼ばれ、『キラービー』という映画にもなった。攻撃力が非常に強く、動物が巣に近づくと猛烈に襲い、人畜に大きな被害をもたらしたことは有名である。その後、赤道付近でも集蜜力に優れていることがわかり、またとくにプロポリスを集める能力にきわめて長けていて、ブラジル固有の低木アレクリン・ド・カンポ（*Baccharis dracunculifolia*）からのプロポリスは「グリーンプロポリス」と呼ばれ、抗酸化作用や抗菌、抗ウイルス、抗腫瘍、抗酸化、抗炎症、抗アレルギーなどさまざまな効果が報告され、一大産業につながっている。

プロポリスの採集は、ミツバチの性質、すなわち「６・５㎜以下のすき間をプロポリスで埋める」という性質を利用して集めている。

ローヤルゼリー

健康食品として安定した評価を得ているローヤルゼリーはもともと女王蜂の生涯の食べ物で、働き蜂の咽頭腺《いんとうせん》（上顎と下顎）や大顎腺から分泌され

る乳白色の物質である。タンパク質やビタミン、糖分に富む。

　働き蜂は女王蜂と同じ受精卵から生まれるが、幼虫時代の食べ物が女王蜂とは異なり、質が低い。働き蜂の幼虫はローヤルゼリーと類似のワーカーゼリーと呼ばれる食べ物を、ふ化後2日間与えられ、残りの4日間はビーミルクと呼ばれる食べ物に変わり、咽頭腺分泌物と蜜胃からの蜜の混合物が与えられる。

　哺乳動物を除くほとんどの動物は子どもに与える食べ物は親と同じ食べ物だが、社会性昆虫であるミツバチは、幼虫用の食べ物を姉妹関係にある働き蜂が分泌するという特殊な育児方式である。直接与えるより分泌物のほうが幼虫に与えるリスクも軽減することから、理にかなっている。

　これら幼虫の食べ物のタンパク源はミツバチが運んだ花粉である。幼虫に与えられる花粉そのものの貢献度は全体の5％に過ぎず、世話をする働き蜂成虫から分泌されるミルク状の食べ物に依存している。オス蜂幼虫の食べ物は働き蜂とほぼ同じと思われる。

　女王蜂は最盛期には自分の体と同じ重さに相当する卵を産みつづけるが、ローヤルゼリーがそれを支える重要な栄養源になっている。

　ローヤルゼリーの成分であるロイヤラクチンが、女王蜂を決定する物質であることが２０１１年に鎌倉昌樹博士により報告され、一時大きな反響を呼んだ。

　ローヤルゼリーの採取は、女王蜂をつくるときに行なわれる移虫（74ページ参照）と同じ原理で行なわれる（図5−5）。移虫枠にはプラスチック製の人工王椀（王台のもと）が30個ほどついたバーを3〜5段取り付け、そこに手際よくふ化後3日以内の幼虫を移虫する。移虫が終わると、強勢の2段群で間に隔王板を設置した群の上段に移虫枠を置く。下段から若い幼虫がいる巣枠を2枚移動し、移虫枠を挟んでおく。移虫後48〜72時間後に幼虫を取り除き（図5−6）、たまっているローヤルゼリーを真空ポンプかヘラを用いて採集する。

　流蜜期の採蜜が終わってから、糖液と代用花粉を適宜給餌しつつローヤルゼリーを採取するのが一般的である。

蜂ロウ

　Beeswaxを日本語に直訳すると蜂《はち》ロウ。蜜《みつ》ロウを英語に直訳すると

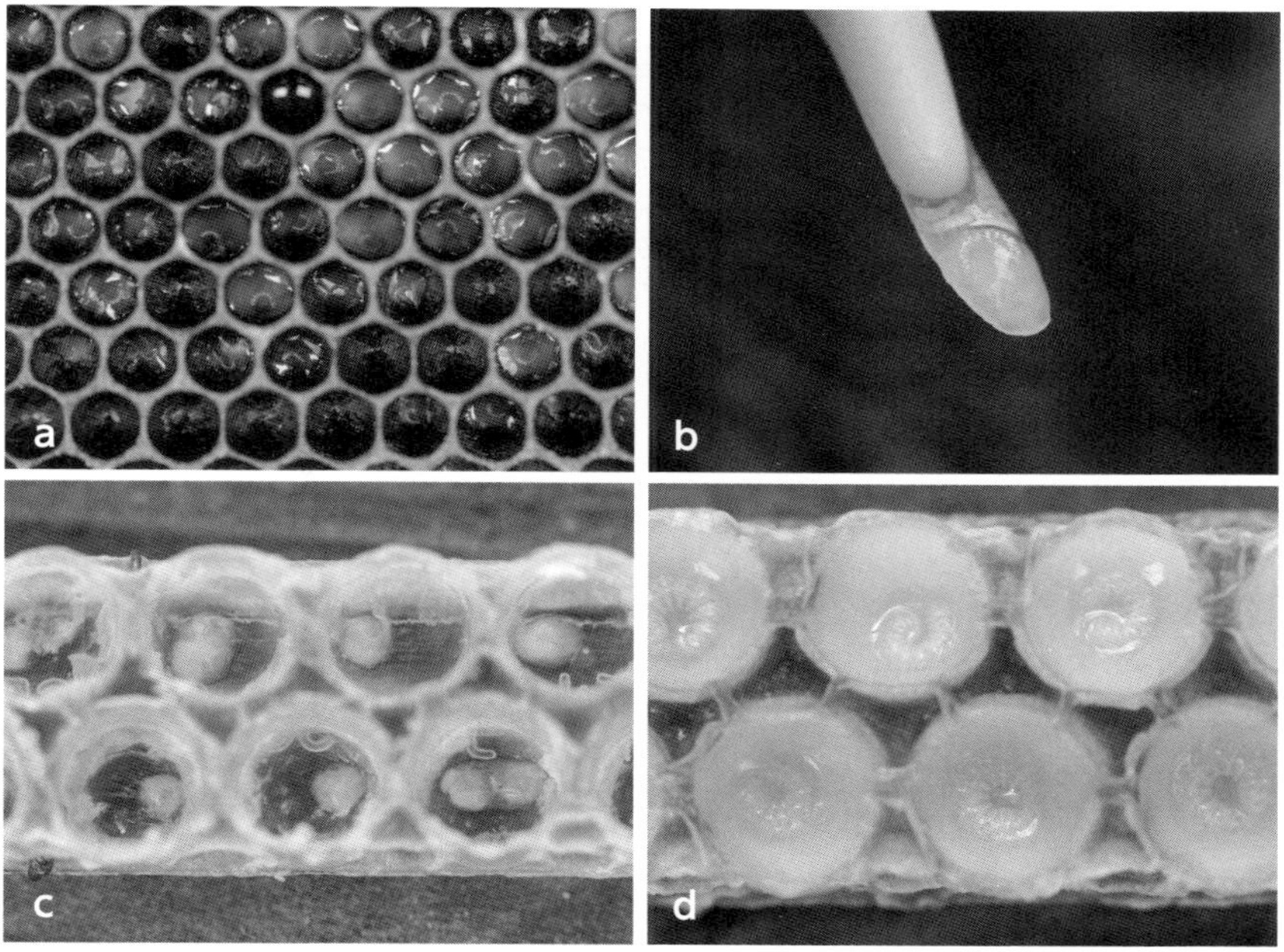

図5－5　ローヤルゼリー採取のための移虫

a.　移虫に適した幼虫

b.　移虫のための道具（移虫針など）でふ化後3日以内の幼虫をすくいとる

c.　移虫した直後の幼虫

d.　72時間後の幼虫。この時期に幼虫を取り除き、ローヤルゼリーを採取する

写真提供：加藤学氏（山田養蜂場）

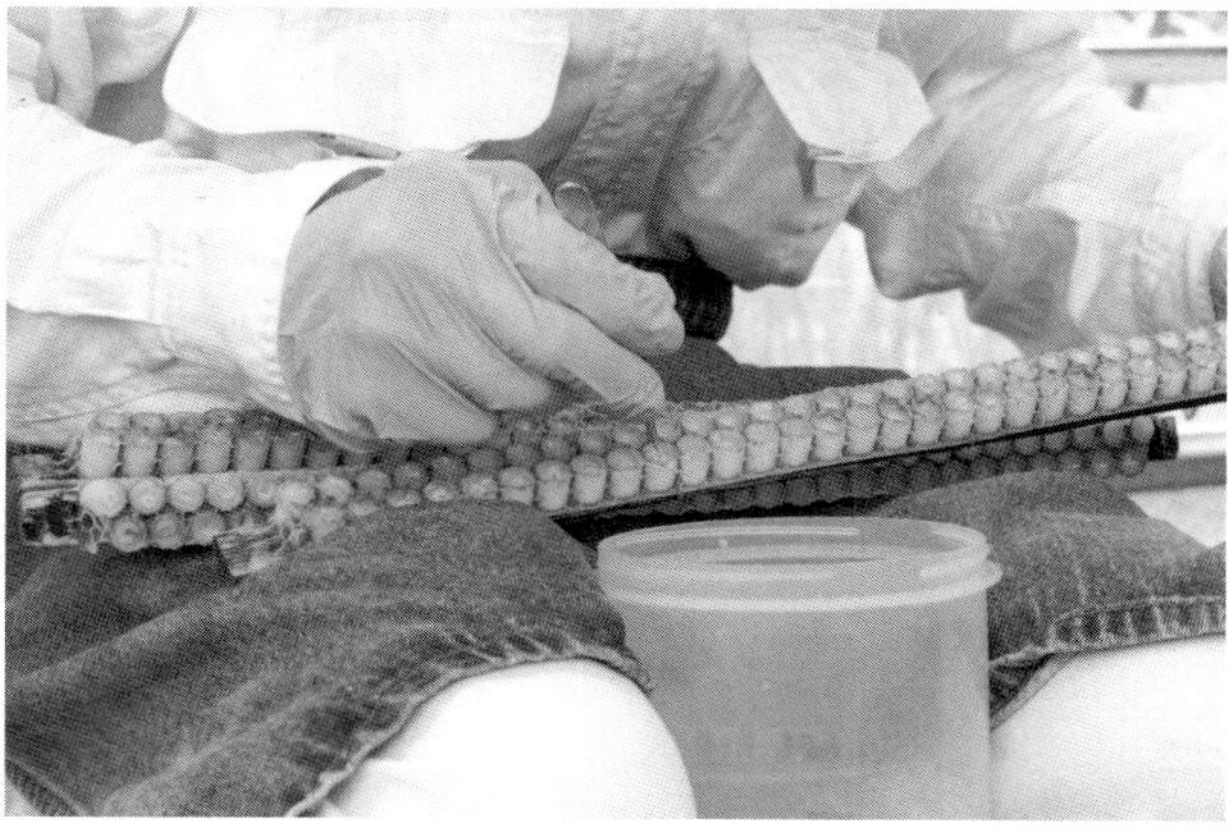

図5－6　ローヤルゼリーの収穫作業

幼虫をひとつひとつ取り除く

写真提供：加藤学氏（山田養蜂場）

Honeywax（ホルンボステル）となってしまうことから、ここでは蜂ロウと呼ぶことにする。

　蜂ロウの歴史も人類の歴史といってもよいほど古く、ミイラの埋葬に用いられたり、3000年ほど前の古代エジプトからは蜂ロウ製の彫刻が出土している。蜂ロウは教会の燭火用のロウソクなどでも用いられ、古くから大変貴重なものであったが、ミツバチ自身がロウを分泌することはホルンボステルが1744年に報告したのが最初で、それまでは植物から運んでくると思われていた。ハンター（Hunter）（1792年）はミツバチがロウを分泌し、巣をつくること、新しい巣は白いことを報告し、Huber（1814）は巣の原料には糖が必要であることを確認した。

　巣づくりをする内勤蜂は腹部内側の体節からロウ片を分泌し、それを後ろ足でとり、噛みながら唾液と混ざったもので巣をつくる。

　蜂ロウはろうそくのほか、ハンドクリーム、リップクリーム、ワックス（木材用・革用）、せっけん、クレヨン、靴クリーム、口紅などさまざまに用いられている（図5－7、8）。

図5－7　蜂ロウでできたキャンドルと鋳型
写真提供：菅野養蜂場

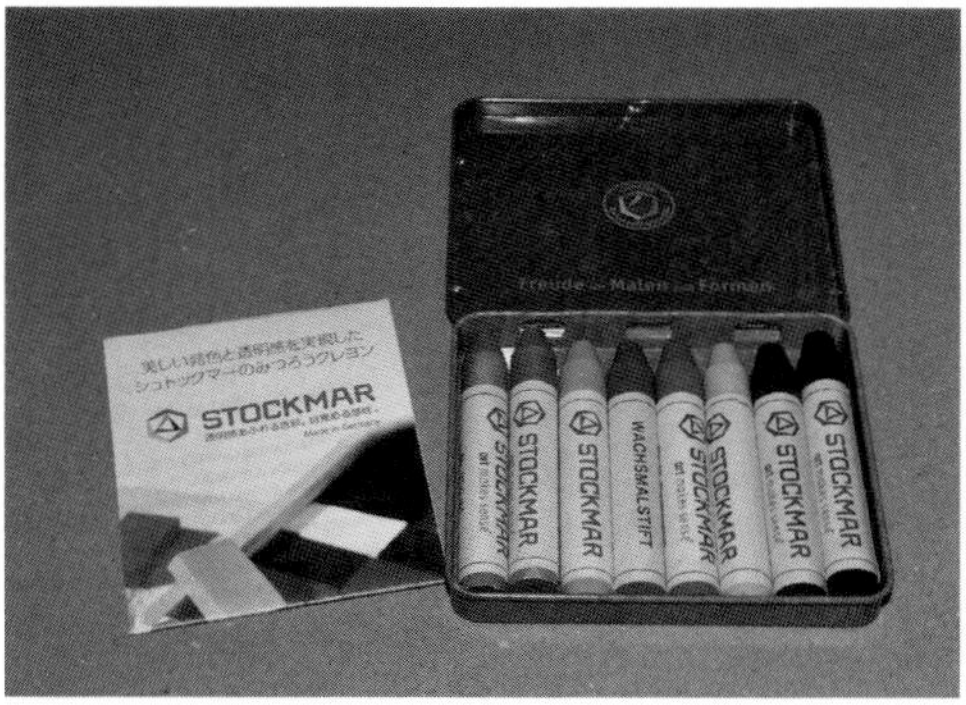

図5－8　蜂ロウでつくられたクレヨン

　蜂ロウの生産は、70℃程度の湯に巣を入れてとかすと、比重が軽い（0・95）ため、浮かぶので、それをすくい取るか、放置して固める。蜂ロウの融点は62～64℃で、85℃以上に上げてしまうと変色する。採蜜後の蜜蓋や無駄巣をとかすと純粋なロウがとれるが、巣礎をつかった巣枠からロウをとる場合は、巣礎が蜂ロウ以外の成分も入れて作成されているため、純粋な蜂ロウになりにくい。太陽の熱を利用してロウをとる陽光融ろう器もつかわれている。

蜂の子

国際連合食糧農業機関（ＦＡＯ）のホームページには１９００種の昆虫が人類の食料として確認されている。

梅谷献二博士によると、昆虫食に関して、日本では江戸時代以降はイナゴ、スズメバチ類の幼虫、タガメ、ゲンゴロウ（金蛾虫）、ボクトウガやカミキリムシの幼虫（柳の虫）、ブドウスカシバの幼虫（えびづるの虫）などがあり、調理法も煮る、焼く、漬ける、でんぶにするなどさまざまであった。

日本でセイヨウミツバチが飼育され始めてからは、交尾期を過ぎて不要になったオス蜂幼虫は巣から切り捨てられ、食用に供せられることがある。これはクロスズメバチを食用としてきた代替品の位置付けになろう。しかし、ミツバチへギイタダニが、とくにオス蜂児に大量に寄生するようになってから、嗜好品としての需要は減ったと思われる。

蜂の子粉末として販売されている中には、オス蜂の蜂児を粉末にしたものとローヤルゼリー生産のときに出る女王蜂幼虫を粉末にしたものが、いずれも健康食品として市場に出ているようである。

アブラムシ類の天敵昆虫テントウムシやクサカゲロウの仲間の人工飼料として、オス蜂児を凍結乾燥してつくった粉末が用いられている。オス蜂児は高タンパク質、高栄養で、肉食性昆虫の代用食として適している。１９８０年代にコアラが日本の動物園に導入されたが、このときはオス蜂児粉末が大活躍した。以下、コアラ導入プロジェクトにかかわった新島恵子博士の体験談の一部である。

「コアラが日本に来る前に、東京（たしか今の夢の島）でユーカリを栽培し、東京のユーカリでコアラがちゃんと育つかテストするため、半年間、毎週ユーカリをオーストラリアに送り、それをコアラに食べさせるという過程がありました。その際そのユーカリに一匹でも害虫がついていては検疫を通せないというのです。そのころユーカリは若木で、アブラムシがたくさんついていました。アブラムシは数種類ついていましたが、メインはワタアブラムシ（*Aphis gossypii*）でした。とくにアブラムシは柔らかい新芽や新葉を好み、コアラが食べる若い葉が育たないのです。もちろん農薬は絶対につかえないとのこと。そこでテントウムシに白羽の矢がたったのです。毎週5000匹くらいのナミテントウ（*Harmonia axyridis*）の3～4齢幼虫をアブラムシのいるところに放飼するというプロジェクトが始まりました。そのテントウムシを育てたのがミツバチオス蜂児粉末です」

ハチ毒

蜂針療法は、リュウマチや関節炎の治療に、エジプト、ギリシャ、中国では古代から行なわれており、現在も欧米各国、日本を含むアジアでも民間療法で行なわれている。

韓国の人気テレビドラマ『チャングムの誓い』の中で蜂針療法の場面があった。以下、https://www.epochtimes.jp/jp/2005/11/html/d80597.html からの紹介文である。

「宮廷料理を担当する女官・チャングムは一時味覚が麻痺してしまい、絶望の淵にありました。すると医官は蜜蜂のハリを使ってチャングムの内関（ツボの名前）と舌を刺し、さらに蜂の毒を消す薬を合わせて治療しました。数日後、チャングムの味覚はみごとに回復しました」

ミツバチの毒液は羽化後次第に増え、約2週間で0・3mgに達し、その後は合成されない。ハチ毒には各種のペプチド（強力な抗炎症物質であるメリチン、アドラピン、またアパミン、MCDペプチド）、フォスフォリパーゼなどの酵素、その他の生理活性物質としてアミン（ヒスタミンおよびエピネフリン）や、さまざまな医薬特性を有する非ペプチド成分が含まれている。ハチ毒採集は採集器を用い、弱電を通して刺激を与え、攻撃モードにして採集器のガラス板に毒を付着させ、それをヘラでかき集める。消化や血流を促すといわれている。

民間療法が主であるが、アナフィラキシーショック体質の人がいることに細心の留意が必要である。

花粉

タンパク質や遊離アミノ酸、ビタミンやミネラルが豊富に含まれ、ミツバチにとってはローヤルゼリーや幼虫の餌のもととなる大切な栄養源であるが、人類にとっても健康食品として愛用されている。ただし、ハチ毒と同様にショック体質の人もいるため、注意が必要である。私はハチ毒に対してはまったく腫れることはないが、ある種の花粉（植物名は特定できていない）に対して強いショック症状を呈した経験がある。

外勤蜂が花粉を運んで巣門から入るときに花粉を落とす仕掛けがついている花粉採集器を用いて採集する。

コラム 8 忘れられないハチミツ

私の半世紀にわたるミツバチとの付き合いで忘れられないハチミツを紹介したい。

その1 人類史上初？のハチミツ

私は現在、国際農林業協働協会（JAICAF）の派遣でモンゴルの養蜂支援活動に参加している。その通訳兼獣医師として大切な役割を担っているウーガン氏が、ゴビ砂漠に蜂群をもっていき、雨が降ったあとに10日間ほど開花するネギの仲間、ターナという植物からハチミツを集めた。四方八方を見渡しても地平線までターナしか見えない環境でも、乾燥地帯なのでハチミツはとれないだろうと思っていたが、おいしいハチミツがとれた報告を耳にしたときは胸が躍った。

モンゴルにはもともとミツバチは生存しておらず、もちろんゴビ砂漠でもそうだが、一時的とはいえ初めてのことで「人類史上初のハチミツ」と大げさに喜んだ。黄金の輝きで、まさに名付けてゴールデン・ゴビ・ハニーである。

その2 パレスチナの都市ジェリコのナツメの花からとれたSidr Honey

古くから薬効があるとされ、近年になって強い抗菌性も確認され、世界でもっとも高価なハチミツとして有名である。ナツメには鋭い棘があり、イエス・キリストが十字架にはりつけにされたときつけられたイバラの冠はこのナツメでつくられたとされている。イスラム教でも神聖な神木として大切にされている植物である。

パレスチナの養蜂場で友人が買って来たものをもらったが、なめたときは感動でいっぱいになった。

2　花粉媒介（ポリネーション）の利用価値

地上の顕花植物約35万種のうち、およそ85%が動物の花粉媒介を受けている。そのうちの大部分が、昆虫による花粉媒介に依存して生息している。昆虫のうちでもミツバチは花粉媒介が得意で、集める花粉の膨大な量からも推測できる。農薬・土地開発・道路建設など昆虫にとっての生息環境が大きく変わり、昆虫が激減し、環境に対する議論がなされている。今や、人類の食料の3分の1はミツバチの花粉媒介に頼っているとの情報がある。

ミツバチは農業に大きく貢献し、日本養蜂はちみつ協会の調査（1999年）によると、ハチミツなど蜂産品の経済効果が72億円に対し、花粉媒介による貢献では3453億円と、花粉交配による経済収入が98%を占めている。アメリカのデータでは、ハチミツや蜂ロウの蜂産品に対して花粉媒介事業は135倍の経済的貢献をしているとの報告もある。花粉媒介はきわめて重要な産業になっている（図5－9）。

農業用ハウスでの花粉媒介

花粉媒介用の蜂群は、ベニヤや段ボールでできた小型巣箱に入れられて販売されている。巣箱にはハチがついた巣枠が3枚以上入っている。

とくにイチゴの花粉媒介など長期の

図5－9　ポリネーション用の蜂群
左：運搬中のようす　アピ（株）の蜂場で撮影
右：巣箱の中身
間室養蜂場で撮影

場合は、健全な女王蜂とともに卵・幼虫・蛹・内勤蜂・外勤蜂のバランスを考慮して巣枠を選び、貯蜜を確認して花粉交配群を作成する。受け入れる側も準備が必要で、紫外線を通さないハウス資材はハチの飛行、帰巣を妨げるので使用を避ける。

巣箱は、朝早くから日があたり、訪花が可能になるような場所に設置する。農薬を散布する時期と導入時期の調整などの、事前打ち合わせも必要である。農薬散布時には蜂群をハウスの外に出し、農薬の被害を避ける。

長期にわたり働き、役目を終えた蜂群は弱小群になっている場合が多いので、蜂群の立て直しが必要になる。イチゴ、ベリー類、カボチャやメロンなどのウリ類全般、サクランボ、プラム、カキ、マンゴーその他多くの作物の花粉媒介にミツバチが活躍している（図5―10右）。

種子生産でもミツバチを必要としているものが多い。じつは、タマネギの種子はすべて国内の温室で、ミツバチの花粉媒介によって生産されていると聞いている。

屋外の作物の花粉媒介

屋外の作物の花粉媒介には通常の蜂群を導入する（図5―10左）。リンゴではかなりの流蜜も期待でき、蜂群育成にとって大切な蜜源、花粉源になり、採蜜をする場合もある。

一昔前は果樹への花粉媒介の際には、契約農家以外の農家が農薬を散布するため蜂群が被害を受けていたが、最近では果樹農家との連携体制が確立し、ハチが農薬の被害を受けることが少な

図5―10　花粉媒介
左：梅林に導入された蜂群（埼玉県）　右：イチゴハウスに導入された蜂群（日光ストロベリーパーク）

くなっている。

リンゴ以外にも、ベリー類、ウリ類全般、ソバ、ヒマワリ、マメ類、果樹ではウメ、サクランボ、カキなど多くの露地作物もミツバチの働きにより質・量ともに向上している。

アーモンドの栽培は花粉媒介昆虫が必須で、花期には全米の養蜂家がカリフォルニアの巨大なモノカルチャーのアーモンド畑に集結する。

アルファルファなど牧草の花粉媒介にもミツバチは大活躍している。草原の草花、樹木もミツバチの受粉活動の貢献度は高く、野外の昆虫が激減している今日、自然環境の維持の観点からもミツバチの受粉活動は必須条件となっている。

合成フェロモンの利用

ミツバチの導入期間が1週間から10日程度と短いスイカやメロンなどのハウスでは、少数のハチ（巣枠にして2枚分程度で1000～3000匹）を、薄いベニヤ材や段ボール製の小型巣箱に入れたものもつかわれている。この巣箱は女王蜂が抜かれた状態だが、合成の女王物質（フェロモン）を担持させたプラスチックが入っている（図5－11）。無王状況下でも、働き蜂はこのフェロモン（商品名：pseudo queen、スードクイーン）のもとで、産卵中の女王蜂が存在するときと同じような行動をとり、花粉媒介も行ない、1～3カ月ほどの使用に耐える。

図5－11　スードクイーン

ポリネーション用の蜂群に女王蜂のフェロモンをしみ込ませたスードクイーンを使用すると、女王蜂なしでも花粉媒介が可能となる

間室養蜂場で撮影

スードクイーンは、幼虫などの蜂児がいなくても働き蜂が幼虫の餌である花粉を集める行動を促し、興味深い。当初は女王養成や女王交換の際に補助として使用することを目的として開発されたが、現在は花粉媒介にもつかわれ、重要な役割を担っている。

さらに、幼虫の体表から分泌される複数の蜂児フェロモンは働き蜂に対してさまざまな生理・行動に関与し、養蜂技術面からは合成蜂児フェロモンを春の蜂群の立ち上げや集蜜能力向上、秋の越冬蜂の増殖、さらに花粉媒介の効率向上にも効果をあげている。幼虫から「餌がほしい！」と知らせる情報を受けた働き蜂は、花蜜や花粉を集める行動がかき立てられ、採蜜や花粉媒介の効率も向上している。この蜂児フェロモンは販売もされている。

働き蜂の腹部末端のナサノフ腺から分泌される集合フェロモンも、分蜂群を集めたり、花粉媒介を目的とする花の近くに設置してミツバチを呼ぶルアーとして販売されている。合成フェロモンを応用した飼育技術は、今後の養蜂スタイルを大きく変える可能性がある。

コラム 9 日本の養蜂の歴史的拠点、新宿御苑と小笠原を訪ねて

2019年1月、日本のセイヨウミツバチによる養蜂の歴史を徹底的に調査している埼玉の養蜂家、貝瀬収一氏の案内で、新宿御苑と小笠原を訪問する機会を得た。

著者　小笠原の双子山にて
撮影：貝瀬収一氏

氏の案内を通して日本のセイヨウミツバチ養蜂の歴史の一部を顧みると1877年（明治10年）に内務省の建議のもとで武田昌次がアメリカからイタリアン種を輸入し、内務省勧農局の内藤新宿試験場（現在の新宿御苑）の飼育舎で飼育した。翌年の1878年には小笠原に、1879年には埼玉、神奈川、静岡、兵庫などに分配されたが、小笠原以外の蜂群はすべて消滅した。アメリカで養蜂を学んでいた武田は小笠原の双子山で「蜜蜂2室（2群）」から、徐々に群数を増やし、300群くらいになっていたという。この蜂群を青柳浩次郎が1890年（明治23年）に購入したことで、本州での養蜂が始まり、小笠原が日本の養蜂の事実上の出発点となった。青柳は小石川、甲府、静岡（富士市）で飼育していたが、後に箱根に移動する。

詳しい歴史は別に委ねるが、愛知県の野々垣淳一氏が蜂群を1895年（明治28年）にいち早く購入している。氏はその後、野々垣養蜂園を開園し、1913年（大正2年）に『養蜂大鑑』を出版した。

あとがき

大学を卒業したときに、岡田一次教授に「私と一緒に研究しよう」とのお誘いをいただき、副手として大学に残った。その後、都内の高等学校の理科教諭として勤務したが、研究への思いを断つことができず、「どこでもできるが誰にでもできない研究を（研究費や設備がない状況下でも、自分にしかできない研究を追求する）」と勝手に決め込んで、高校の屋上でミツバチを飼育しつつ、ハチの性決定や染色体の研究を必死につづけてきた。北海道大学の坂上昭一教授が書かれた著書『ミツバチのたどった道』に感動し、単独性ハナバチからミツバチに至る道を、染色体を通して確かめるべく研究をつづけた。坂上教授は「君こんな標本のつくり方はダメだよ」など、厳しくご指導してくださったが、周囲の方々に声をかけてくださり、数名の先生から大変なご支援をいただき、染色体の研究をまとめて１９９４年に学位をいただいた。

35年間、高校の教諭として生徒と楽しく学び会い、研究をつづけていた私に突然、玉川大学からお誘いをいただいた。相当に悩んだが玉川大学の教授として２００７年4月に着任した。着任後まもなく、周囲から養蜂の本を書くように促された。大先輩で、今から１００年以上前に出版された『養蜂大鑑』の著者、野々垣淳一氏（115ページコラム9を参照）が開いた野々垣養蜂園の三代目で、ハチに関する大切な相談相手の野々垣貞造さんに相談したら「よーし、おまえとなら書くぞ。一緒に書こう！」といってくださった。あれから、10年以上も経ってしまった。忙しさにかまけて野々垣家に伺うことすらできずにいた。その間に突然の他界。無念さはことばにならない。

２０１２年の定年退職後に同僚の中村純教授の誘いを受けて２０１３年に国際農林業協働協会（J

ＡＩＣＡＦ）のプロジェクトによるモンゴルの養蜂支援活動を行なった。これがきっかけになり、その後国際協力機構（ＪＩＣＡ）の資金のもとでの活動が始まった。このプロジェクトを通して、今まで蓄積してきた実技でのアドバイスと同時に「養蜂の基礎」を文字やプレゼンテーションに具体的にまとめることとなった。本書は、この資料がもとになっており、モンゴルの活動がなければ、この本は生まれなかった。モンゴルだけでなく、日本の養蜂家の皆さんの前でも講演会を通じてお話しさせていただく度に「ぜひ本を書いてほしい！」とのご意見を多数いただいた。

高等学校で「養蜂の基礎技術」を一人で考えつつ飼育しつづけてきた内容が本になることは予想もしていなかっただけに本書が世に出ることは感慨深く、大東文化大学第一高等学校の当時の同僚と卒業生、大学での同僚と卒業生、お世話になった研究仲間、その他、私を支えてくださった皆様には感謝以外にことばがない。自分の試行錯誤による技術は明確な実験データがないものもあり、それを本著に書くのはためらいが残る項目もあるが、それらは次世代に委ねることができれば幸いである。

また、執筆を受け入れてくださった農文協と編集者の林さん、この本を書くように執拗にすすめてくださった私の養蜂仲間（蜂友）や埼玉県養蜂協会の皆様に深謝したい。最後にずっと支えてくれた家族（家内、娘、息子、実の姉、弟）に心からの謝意を表わす次第である。

最後の最後に、「この本は野々垣さんと共著で書いているんだ！」と心に刻みつつ、彼が日頃話してくれた「ハチはハチに聞け」ということばをかみしめながら原稿を進めた。彼が生きていれば「こんなもの書きやがって！」と怒鳴られることを覚悟しつつではあるが。草葉の陰で喜んでくだされば、それこそ幸甚の至りである。

２０１９年７月　**著者**

佐々木正己（海游舎、2010）『蜂からみた花の世界』を改変

7	8	9	10	11	12（月）

ヤブガラシ
※訪花しているのは
ニホンミツバチ

センダングサの仲間

ナンキンハゼ

チャ

ビワ

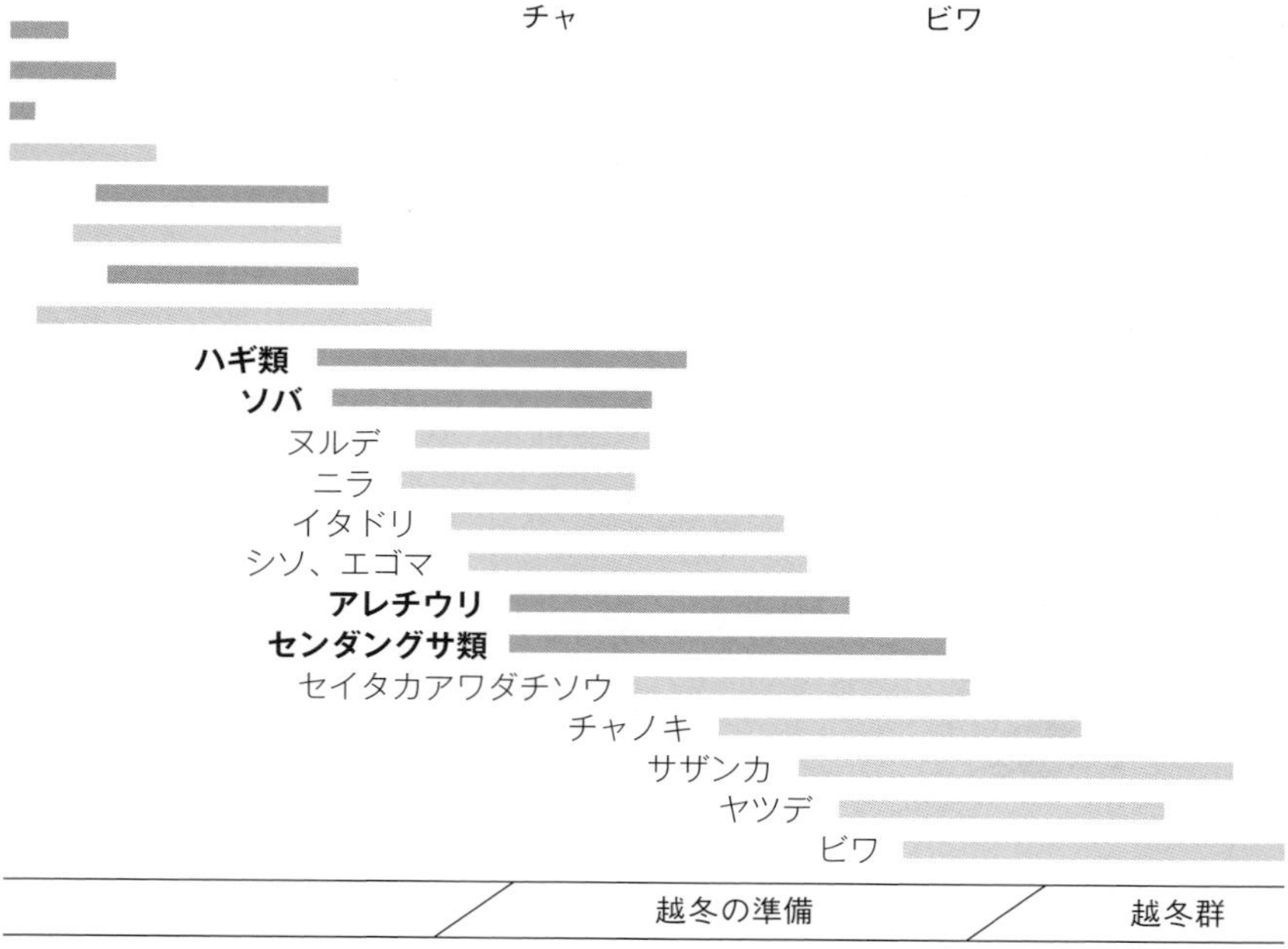

蜜・花粉源植物カレンダー

とくに重要な蜜源については太い字で表記（関東地方の場合）

1	2	3	4	5	6

ツバキ
ウメ
ヤナギ類
ヒカサキ
ナタネ類
タンポポ
ボケ、モモ
サクラ類
ツツジ類
ウワミズザクラ
レンゲ
ネギ
ニセアカシア
エゴノキ
キハダ
スダジイ
ミカン類
トチノキ
カキノキ
クロガネモチ
ネズミモチ
ソヨゴ
クリ
ケンポナシ
ハゼ
モチノキ
シナノキ
リョウブ
カラスザンショウ
ヤブガラシ

ウメ

フキノトウ（2～3月）

サクラの花外蜜腺

レンゲ

クリ

越冬群　春宣言～1カ月　採蜜群

本書でつかうおもな養蜂用語

あ

アカリンダニ
ミツバチ胸部の気管に入り込み、繁殖するきわめて小型のダニ

アナフィラキシーショック
人が刺されたとき、ミツバチの毒に対して短時間のうちに強いアレルギー反応がひきおこされることがある。血圧や意識などの低下によるショック症状が現われる

移動養蜂
1シーズン中に複数箇所での開花・流蜜にあわせて蜂群を移動すること。転飼《てんがい》ともいう

ウインタービー
9月以降に羽化する働き蜂で、越冬用に体内に脂肪体などが多く、寿命も長い

内蓋（うちぶた）
「インナーカバー」「インナーボード」とも呼ばれ、巣箱の蓋と巣枠の間に置く。巣枠から7㎜程度の距離（ビースペース）を保つようにつくられているため、これを設置すれば、ハチが巣枠の上に巣を盛り上げたり、プロポリスを溜めることがないので、作業が容易になる

越冬群
越冬するための蜂群。産卵を休止した女王蜂とともに蜂球をつくり、貯蜜を食べ、飛翔筋を震わせて熱を発生し、必要最低限の温度を保って春を待つ。早春に女王蜂の産卵再開を促し、若いハチが羽化・成長するまで長期間生きる

王かご
小型の檻で、女王蜂の輸送や女王を蜂群に導入する際に用いる

王台
ふつうの巣房よりも長い特別の巣房で、ふつう長さ2・5㎝ほど、内径約0・8㎝。その中の幼虫は大量のローヤルゼリーを与えられ女王蜂に成長する。巣板の間か巣板底部から垂直方向に垂れ下がる

王椀（おうわん）
王台をつくるときに、働き蜂がまず巣枠下部にロウでつくるまるい椀状の土台。ここに女王蜂が産卵すると、働き蜂は王台を形成し、中の幼虫は女王蜂になるべく育成される。王椀は分蜂熱がおこるとつくられる

オス専用の巣枠
巣房内径が働き蜂用より少し大きく、女王蜂はそのサイズを測って無精卵を産卵する。オス蜂巣房の蓋はドーム型に盛り上がる。専用巣枠はダニ対策に有効

オス蜂切り
オス蜂は繁殖目的以外には集蜜などの働きをしないことから、繁殖期を過ぎると働き蜂から巣の外に追い出される。同様に不必要なオス蜂児は人の手により切り出される。また、ミツバチヘギイタダニがオス蜂児内で繁殖しやすいことから、蛹の時期に切り出す作業により、効果的にダニを防除できる。さらに、系統選抜の際に優良と認められる女王蜂と、別の群の優良系統のオスを選抜し、他のオス蜂児は切り出し排除した上で、交尾させることもある

か

外勤蜂→採餌蜂

隔王板（かくおうばん）
金属か竹製またはプラスチック製の格子状板。その細長い穴の大きさが働き蜂は通過できるが、オス蜂や女王蜂は通り抜けられないことによって、巣箱のある部分から働き蜂以外を排除することができる

額面蜂児（がくめんほうじ）
巣枠いっぱいに産卵している状態

花粉源植物
ハチミツのもととなる花蜜を多く分泌してハチを呼ぶ蜜源植物に対

して、ミツバチの成長に必要なタンパク質源となる花粉を提供してハチを呼ぶ養蜂資源植物

花粉採集器
巣門に取りつけ、採餌から戻ったハチの花粉かごから花粉荷《かふんか》をはずし、回収する装置

看護蜂
日齢が3〜10日の若い働き蜂は蜂群の中心部分にいて、発育中の幼虫に給餌し世話をする

給餌（きゅうじ）
蜜源植物の花蜜採餌が不足するときにそれを補うため、砂糖を水で溶いた液を蜂群の餌として、給餌器（形状、方式はいろいろある）で与えること

給餌板（きゅうじばん）
給餌器は砂糖溶液を蜂群の餌として与えるための器具。バケツ状、巣門付近に設置するものなどあるが、とくに巣枠のサイズで、中に糖液を入れて巣箱内に巣枠と同じように並べてつるす形状のものを指す

群（コロニー）
蜂群の単位で、1群、2群と数える

燻煙器
巣箱の蓋をあけて蜂群の世話をするときに、ハチをおとなしくさせるための煙を的確に吹き出す道具

群知能
単純な要素が協調して秩序ある行動を生み出し、個々の能力の和を超える結果が得られること。ミツバチなど社会性昆虫に見られる群知能のシステムは、ロボットの行動を制御するスワームロボティックスの分野でも研究されている

系統選別
動植物の品種改良の基本的な手法で、目的とする形質をもつ系統を選別して子孫を育成する

Kウイング
アカリンダニの被害が大きい蜂群では前後の翅の接続がはずれ閉じられずにK文字状になった個体数が多く見られ、感染状況の指標になる

建勢給餌（けんせいきゅうじ）
奨励給餌、刺激給餌ともいう。蜂群に産卵を促す目的でとくに春先に行なう給餌で、50％程度の砂糖液を用いる

合成フェロモン
ナサノフ腺、女王物質、蜂児フェロモンが合成されている。分蜂群回収や産卵促進など、養蜂上大切な技術をになう物質になってきている

合同
複数（通常は2群）の蜂群を1群に合わせて飼育すること。弱群や女王蜂を失った群で実施される

交尾箱
通常の巣枠の4分の1程度の小さい巣枠が3〜4枚入る小型巣箱。女王蜂を交尾させるために用いる

さ

採餌蜂（さいじばち）**（外勤蜂）**
日齢の進んだ働き蜂で、巣箱から飛び出して花蜜、花粉、水、プロポリスを採集する

採蜜群（さいみつぐん）
蜂群内で卵、幼虫、蛹、内勤蜂、外勤蜂がつねにバランスよく生産され、貯蜜圏には新たに運び込まれる蜜を蓄える場所が整っている蜂群

サマービー
春から夏の流蜜期にかけて生まれる働き蜂で、短命ではあるがハチミツや花粉を集めるのに奔走する

自距装置（じきょそうち）**（スペーサー）**
巣枠間隔をビースペースの範囲内に保つための装置。金具（ラ式〈ラングストロース式〉）や一体型（ホ式〈ホフマン式〉）がある

自然王台
繁殖期・流蜜期などに分蜂熱がおこるとできる王台。移虫により人工的につくる王台と区別する

刺毒
働き蜂に刺されると、針につながる毒のうから分泌される毒が針先から体内に注入されて、痛みをひきおこす。ハチ毒は軽い発疹、かゆみから、危険なアナフィラキ

シーまで多様なアレルギー反応をおこすおそれがある

シュガーキャンディ
粉糖に少量の水を加えてつくり、女王蜂の輸送や蜂群の越冬時に用いられる

女王蜂の導入
蜂群に新しく女王蜂を入れることで、いくつかの導入法がある

女王物質
女王蜂が分泌するフェロモンで、働き蜂どうしの食料交換経由で巣内全域に行き渡り、女王蜂の存在を伝える。同じメスである働き蜂の卵巣の発達や新たな王台形成を抑制し、オス蜂に対しては空中で性誘引物質となる

処女王
未交尾の女王蜂で、羽化後通常2週間以内に、DCAに集まるオス蜂と空中で交尾する

人工分蜂（巣の分割）
1つの蜂群を仕切り、2群またはそれ以上の群につくりかえる

巣礎（すそ）
ロウを圧縮した薄い板にハチの巣の基本となる六角形をプレスしたもので、巣枠に貼り付けて蜂群に与え均一な巣板をつくらせるために使用する

巣板（すばん）
木もしくはプラスチックの枠で囲まれたミツバチの巣をさす。ハチが巣礎の上に新たに分泌したロウを盛り上げてつくり、育児や貯蜜につかわれる

巣板間隔
隣接する巣板どうしの間隔で育児圏では8～9㎜のビースペースに保つ。巣板間隔とビースペースは同義ではない

巣脾（すひ）
天然もしくは人の手による巣箱の中の巣板をさす。わが国の養蜂書や養蜂家は現在もこの用語を用いているが、〝巣板〟に統一してもよいと考える。一方、スズメバチなどの巣は〝巣盤〟という用語も用いられているが、ミツバチの場合も使用できるだろう。とくにミツバチの自然巣の巣板は巣盤（どちらも読みは同じ）がふさわしいかも知れない

巣房（すぼう）
薄い蜂ロウで六角形の小房が多数連なって形成され、ミツバチは蜂児を育て、ハチミツや花粉を蓄える

スムシ
ハチノスツヅリガの仲間の総称で、巣板のロウを食害し時には大きな被害になる

巣門（すもん）
巣箱正面で横長に開き、ハチが巣箱から出入りする

巣枠（すわく）
木製またはプラスチック製で、4つの部分（上桟、横枠、下桟）が巣礎や巣板を囲んで保持する。巣箱壁面に巣が固着しないので、養蜂家は内検や多様な蜂群管理が可能になる

巣枠間隔（すわくかんかく）
隣接する巣板の中心どうしの間隔をいう。ビースペースと同様、養蜂上大切な間隔で、一般的に33～35㎜で飼育している

巣枠上桟（すわくじょうさん）
巣枠の上桟の幅と隣接する巣板どうしの間隔は養蜂上大切で、巣枠間隔やビースペースを確保する基本にもなる。本書では巣枠上桟の幅は26㎜と設定した

巣枠を刺す
蜂群内に巣枠を入れるときに養蜂家が用いる用語

巣枠を抜く
蜂群から巣枠を取り出すこと

掃除蜜（そうじみつ）
越冬の前後に処置した薬剤、砂糖液などを採蜜する前に取り除いた蜜で、この作業後に本格的な採蜜が始まる

た

代用花粉
育児に必要なタンパク質などの食料を補充する目的で蜂群に与える。大豆タンパク、花粉などを混ぜてつくる

脱蜂板（だっぽうばん）
採蜜のために、ハチを貯蜜用上置き巣箱から移動させるための器具。ハチは一方から他方へ狭い通路で移動できるが、逆方向には戻れない

単箱（1段群）
蜂群の営巣を目的に人がつくった構造物（箱）。養蜂家が容易に内検できる形式のものが近代的な養蜂には最適

貯蜜圏（ちょみつけん）
蜜だけを貯め込む巣枠、または巣の中で巣房にハチミツを貯めている範囲

継箱（つぎばこ）
蜂児巣箱の上に重ね置き、ハチミツ貯蔵スペースを増加させる巣箱部品。底板はない

DCA
オス蜂が集合して未交尾女王蜂の飛来を待つ空中の場所（Drone Congregation Area：DCA）

定位飛行
巣の位置を記憶するために行なう、巣の周辺を一斉に飛び回る飛行

定地養蜂
移動養蜂に対し、一年中、蜂群の飼育場所を動かさずに行なう養蜂形態

糖液給餌→給餌

糖度
果物やハチミツの糖分濃度を測定するときに用いられ、Brix値（%）で示す。ハチミツは水分（%）で濃度を測定するのが一般的になってきている

盗蜂（とうほう）
ハチが他の群の貯蜜を奪う行動。とくに蜜源が少なくなる時期に多く、また弱群がねらわれやすい

な

内勤蜂（ないきんばち）
若い働き蜂で、巣の中におり、日齢に応じて幼虫への給餌、巣房の掃除、外勤蜂の持ち帰った花蜜や花粉を受けとって巣房に蓄えるなどの仕事をこなす

内検（ないけん）
巣箱の蓋をあけ、巣枠を持ち上げるなどして蜂群の状態を点検すること

ナサノフ腺
働き蜂の尾部（腹部第7背板）にある集合フェロモンを分泌する器官

2段群
1段群の上に継箱を置き、2段群として採蜜するのが通常の蜂群である

は

ハイブツール
養蜂作業時に固着した巣枠を動かすてこや、ロウやプロポリスを削り落とす機能を備えた金属製器具

パグデン法
人工分蜂の基本技術の1方法で、1868年パグデン（James Pagden）が考案したもの

ハチブラシ
採蜜時に巣枠からハチを振り落とすが、残ったハチを払うときに使用するブラシ

ハチ密度
養蜂ではコロニー内のハチの密度を高くすることが大切。巣枠を増やしすぎず、多数のハチが巣板を覆い尽くす状態にすることが、蜂群の健康な育成のポイント。「ハチを混ませる」などと表現する

蜂ロウ
働き蜂の腹部下側に4対、8個あるロウ腺から分泌される有機化合物。六角形の巣房や巣蓋の作成に用いられる。融点は62～64℃

翅切り（はねきり）
交尾後の女王蜂の片方の翅を切り、分蜂熱が高まっても女王蜂が遠くに飛べないように工夫する作業

春宣言
越冬期間を終了させるときに50%程度の砂糖液を150～300mℓほど給餌し、春が来た（開花した、花蜜が入ってきた）ことを蜂群に伝える

ビースペース
6・4～9・5mmの間隔で、ハチが空間として用い、巣箱の中で働

くのに十分なスペース。これより広いと巣をつくって埋め、狭いとプロポリスで埋める。育児圏の巣板どうしの間隔（巣板間隔）もこの範囲に入るが、貯蜜のための巣板間隔である12㎜はビースペースではない

プロポリス
植物が自身を守るために分泌する樹脂などを集めミツバチの酵素を混ぜて、営巣場所のすき間の穴埋めや巣房の増強に用いる。基原植物由来の抗菌性など多様な活性をもつ

糞害（ふんがい）
蜂群の近くでハチは空中で脱糞するが、洗濯物などにかかることがあり、糞害と呼ばれている

分割板
巣箱内で複数の巣板の外側の仕切りとして用いる板

分蜂（ぶんぽう）
ミツバチの繁殖行動で、巣内の王台で育つ新王が羽化する前に、1／2から2／3の働き蜂が元の女王蜂（旧王）とともに、新しい営巣場所を求めて巣から外に出る行動

分蜂熱（ぶんぽうねつ）
おもに流蜜期でハチ数や貯蜜が多くなると分蜂をする気運が高まり、働き蜂が分蜂に必要な準備を始める。この状態を分蜂熱と呼ぶ

変成王台（へんせいおうだい）
蜂群の女王蜂が突然失われるなどの緊急事態に対応すべく、働き蜂の卵かふ化直後の幼虫のいる巣房を王台につくり替えて女王蜂に育てるもの

蜂球（ほうきゅう）
分蜂時や越冬のためにハチが集合し、球形の塊となった状態

蜂群（ほうぐん）
1匹の女王蜂と多数の働き蜂、および幼虫が巣の中で群れとして生存する群。繁殖期にはオス蜂も現われる

蜂群分割（ほうぐんぶんかつ）**（増群技術）**
蜂群が自然状態では分蜂により増殖するのと同じように、人工的に分割をして蜂群を増やすこと

防護服
養蜂家が巣箱をあけて作業する際に、身を守りつつ作業しやすいように着用する。頭部と顔、首を刺害から守る面布と一体になっている

蜂児（ほうじ）
ミツバチの成長過程で成虫以前のもの。卵や幼虫の巣房は無蓋だが、幼虫が蛹化し、さらに成虫になるまでの期間、巣房は有蓋となる

蜂児（ほうじ）**フェロモン**
蜂児から分泌されるフェロモンで蜂群内の産卵・育児活動がさらに活性化され、採餌活動も活発になる

ホフマン式
ホフマンが開発した、巣枠間隔を自ずから一定にできる巣枠。ホ式

ま

水場
蜂群は温度管理、幼虫の世話などに水を必要とするため、清潔な水を供給する場所を設置するとよい。ミツバチが吸水しやすいように水辺か水に浮かぶ足場もほしい

蜜胃
成蜂の腹部にある消化器官の一部で、花蜜、ハチミツ、水を運ぶのにつかわれる

蜜源植物
ハチミツのもとになる花蜜を多く分泌して、ミツバチが訪花・採餌する養蜂資源植物

蜜こし器（みつこしき）
分離器により巣板から抽出されたハチミツを、保存する際にゴミなどを濾過する装置

蜜巣枠（みつすわく）
蜜がたまっている巣枠

蜜刀（みつとう）
ハチミツを巣板から抽出する際に、蜜蓋を効率的に切り離すための特別な形状のナイフ

蜜蓋（みつぶた）
巣房を閉じる薄い蜂ロウ製の蓋。貯蜜巣房の蓋はロウだけだが、蜂児巣房の蓋には毛や他の物質が混

ざる

無女王蜂群（無王群）

蜂群から女王蜂が失われたときの群をいう。働き蜂の卵かふ化直後の幼虫がいれば、それをつかって変成王台をつくり、新たに女王蜂に育てることができる

mating sign（メイティングサイン）

DCAに飛来して空中で複数のオス蜂と交尾した女王蜂は、最後に交尾したオスの生殖器の一部を尾部につけたまま帰巣するため、女王蜂交尾済みのサイン／目印になる

や

輸送箱

蜂群を輸送する際に使用される巣箱で、通常の飼育巣箱より小さいものが多い

幼若（ようじゃく）**ホルモン（JH）**

昆虫のホルモンの一種で、昆虫の成長、脱皮、変態を調整する

幼虫の世話

日齢が3～10日の若い働き蜂が、発育中の幼虫に給餌し世話をする

ら

ラングストロース式巣箱

近代養蜂の祖とされる開発者の名をつけた、可動巣枠式巣箱。ラ式

流蜜期（りゅうみつき）

天候に恵まれ、よい蜜源植物が開花して、巣箱に大量の花蜜が運び込まれ、ハチミツがつくられる時期

ローヤルゼリー

若い働き蜂が頭部の下咽頭腺と大顎腺から分泌する高栄養なミルク様の液で、女王蜂、ごく若い幼虫、および王台中の幼虫に与えられる

養蜂で覚えておきたい数字

2カ月	働き蜂は産卵から6週間後には外勤蜂として採餌行動を開始する。さらに2、3週間ほど経過して女王の活発な産卵が2カ月つづくと、蜂群は卵・幼虫・蛹・内勤蜂・外勤蜂がバランスよく、つねにたくさん供給される状態になり、活発に採蜜する群ができあがる
6週間	女王蜂の産卵から3週間で成虫が羽化し、その後3週間は巣の内部で内勤蜂として働く。外勤蜂として採餌に出るのは産卵から6週間後になる。流蜜期に合わせて蜂群育成を考える上で大切な数字である
8～9mm	育児圏でのビースペースは8～9mmに調整する
8～9枚	2段群では育児用の巣箱（下段の巣箱は“単箱”とも呼ばれる）を最下部にして巣枠を10枚入れて飼育する。その上に貯蜜用の継箱を置くが、貯蜜圏では巣板間の間隔が12mm程度になるため、巣枠の収容枚数は8～9枚になる
10枚	一般的な巣箱は巣枠が10枚入る設計になっている。育児巣箱では10枚入れて飼育する
12mm程度	貯蜜圏では隣接する巣枠間の間隔を12mm程度にする
15mm	貯蜜圏にたくさん蜜が入り、巣板が厚くなってきたら12mmから少し広げて15mmにすることもある
26mm	巣枠の上桟の幅
35℃	温暖な環境では蜂群中心部の温度は約35℃に保たれる
35mm	巣枠間隔の数字で、養蜂では一般的に隣り合う巣枠の中心線どうしの距離を33～35mmに調整している

おもな参考図書（発行年順）

著者	本の題名	発行年	出版社など
L. L. Langstroth	Langstoroth on The Hive and the Honey-bee	1853	The A. I. Root Company
玉利喜造	養蜂改良説	1889	混同農園
青柳浩次郎	養蜂全書	1904	箱根養蜂場
駒井春吉 野々垣淳一	養蜂大鑑	1913	明文堂
F. Huber C. P. Dadant 訳	New Observations Upon Bees	1926	American Bee Journal Nouvelles Observations の翻訳（英語）
徳田義信	蜜蜂　第一巻　産蜜養蜂	1928	丸善株式会社
E. F. Phillips	Beekeeping	1949	The MacMillan company
H. A. Dade	Anatomy and Dissection of the Honeybee	1962	International Bee Research Association
R. A. Grout	The Hive and the Honey bee	1966	Dadant & Sons
K. von Frisch	The Dance Language & Orientation of Bees	1967	Harvard University Press
J. E. Eckert and F. R. Shaw	Beekeeping	1969	The MacMillan company
F. Naile	America's Master of Bee Culture The Life of L. L. Langstroth	1976	Cornell University Press
Dadant & Sons	The Hive and the Honey-bee	1978	Dadant & Sons
岡田一次	ミツバチ	1979	文永堂
A. I. Root	The ABC and XYZ of Bee Culture	1983	The A. I. Root Company
E. Crane	Bees and Beekeeping	1990	Heinemann Newnes
J. M. Graham	The Hive and the Honey-bee	1992	Dadant & Sons
T. D. Seeley	The Wisdom of the Hive	1995	Harvard University Press
吉田忠晴	ニホンミツバチの飼育法と生態	2000	玉川大学出版部
佐々木正己	養蜂の科学	2003	サイエンスハウス
T. Horn	Bees in America	2005	The Universe Press of Kentucky
W. A. Munn	A description of the Bar-and-Frame-Hive	2010	Kessinger Publishing
T. D. Seeley	Honeybee Democracy	2010	Princeton University Press
佐々木正己	蜂からみた花の世界	2010	海游舎
フランソワ・ユーベル著 髙崎浩幸訳	新ミツバチ観察記	2013	Nouvelles Observations sur les Abeilles, par François Huber, Seconde édition.J.J. Paschoud, Paris de Genève, 1814, Tome premier の翻訳
木村澄 芳山三喜雄 中村純	養蜂における衛生管理	2015	日本養蜂協会
J. Dzierzon H. Dieck & S.Stutterd 訳	Dzierzon's Rational Bee-Keeping	2017	Forgotten Books
原野健一	ミツバチの世界へ旅する	2017	東海大学出版部

蜂群・養蜂器具などのおもな問い合わせ先一覧

熊谷養蜂㈱	〒369-1241　埼玉県深谷市武蔵野 2279-1 TEL：048-584-1183　FAX：048-584-1731 販売品目・内容：種蜂、養蜂器具
㈲間室養蜂場	〒355-0134　埼玉県比企郡吉見町大串 1257-3 TEL：0493-54-2381　FAX：0493-54-0093 販売品目・内容：養蜂器具、交配用ミツバチ
㈱養蜂研究所	〒463-0010　愛知県名古屋市守山区翠松園 1-2011 TEL：052-792-1183　FAX：052-792-2025 販売品目・内容：種蜂、養蜂器具
野々垣養蜂園	〒491-0201　愛知県一宮市奥町字郷中江東 75 TEL：0586-62-0905 販売品目・内容：種蜂、養蜂器具
㈱松原喜八総本場	〒500-8056　岐阜県岐阜市下竹町 29 TEL：058-265-0870 販売品目・内容：種蜂、養蜂器具
㈲フルサワ蜂産	〒500-8402　岐阜県岐阜市竜田町 3-3 TEL：058-263-3783　FAX：058-263-3968 販売品目・内容：種蜂、養蜂器具
㈱渡辺養蜂場	〒500-8453　岐阜県岐阜市加納鉄砲町 2-43 TEL：058-271-0131　FAX：058-274-6806 販売品目・内容：種蜂、養蜂器具
㈱秋田屋本店	〒500-8486　岐阜県岐阜市加納城南通 1-18　養蜂部 TEL：058-272-1311　FAX：058-272-1103 販売品目・内容：種蜂、養蜂器具
アピ㈱	〒500-8558　岐阜県岐阜市加納桜田町 1-1　養蜂部 TEL：058-271-3838　FAX：058-275-0855 販売品目・内容：養蜂器具、交配用ミツバチ
㈲俵養蜂場	〒675-1369　兵庫県小野市高田町 1832-121 TEL：0794-63-6617　FAX：0794-63-8283 販売品目・内容：種蜂、養蜂器具
㈱西岡養蜂園	〒869-4613　熊本県八代市岡町谷川 567-1 TEL：0965-39-0161　FAX：0965-39-0833 販売品目・内容：養蜂器具、交配用ミツバチ

＊ほとんどの会社はホームページがあり、インターネット（ネットショップ）でも蜂群や養蜂器具を購入できる

著者略歴

干場　英弘（ほしば　ひでひろ）

1947年、北海道生まれ。

玉川大学在学中に養蜂家から直接指導を受け、飼育歴は50年以上。高校教員として35年間勤務し、その間にハチの研究（ハチ目昆虫の細胞遺伝学）で博士号を取得。60歳のときに玉川大学農学部教授となる。

現在、モンゴルや東南アジアなどで養蜂の技術指導に携わっている。また、各県の養蜂協会から招かれ、全国で講演・講習会を行なっている。

写真・資料提供など

アピ㈱、荻原誠一、貝瀬養蜂場、春日養蜂場、菅野養蜂場、熊谷養蜂㈱、坂戸市ミツバチボランティア、たかだ養蜂場、谷口俊郎、中村純、野々垣養蜂園、㈲間室養蜂場、安田学園、山田養蜂場、N. Koeniger、Thomas D. Seeley

＊クレジットが明記されていない写真は著者撮影による

蜜量倍増 ミツバチの飼い方

これでつくれる「額面蜂児」

2020年1月30日　第1刷発行

著者　干場　英弘

発行所　一般社団法人　農山漁村文化協会

〒107-8668　東京都港区赤坂7丁目6－1

電話　03(3585)1142（営業）　03(3585)1147（編集）

FAX　03(3585)3668　振替　00120-3-144478

URL　http://www.ruralnet.or.jp/

ISBN978-4-540-19104-6　DTP製作／㈱農文協プロダクション

〈検印廃止〉　印刷／㈱光陽メディア

製本／根本製本㈱